U0212008

有机草莓
栽培实用技术

雷家军　薛莉　主编

（第二版）

化学工业出版社

·北京·

内容简介

本书在简述有机农业、有机食品以及相关有机最新法规等内容的基础上，详细介绍了有机草莓生产全过程，重点介绍了有机草莓的优良品种、育苗技术、栽培技术（露地、塑料大棚、日光温室等）、病虫害防治技术以及采收、包装、运输等环节的实用技术。与第一版相比，新增了近几年在草莓栽培领域出现的新品种与新技术等内容，具有很强的实用性与指导性。

本书非常适合广大草莓种植者、农业生产技术推广人员使用，也可供农业院校园艺、果树栽培等专业师生参考。

图书在版编目（CIP）数据

有机草莓栽培实用技术 / 雷家军，薛莉主编. —2版. —北京：化学工业出版社，2021.4
ISBN 978-7-122-38478-2

Ⅰ.①有… Ⅱ.①雷… ②薛… Ⅲ.①草莓-果树园艺-无污染技术 Ⅳ.①S668.4

中国版本图书馆CIP数据核字（2021）第022638号

责任编辑：张林爽　　　　　　　　　　　文字编辑：李建丽　孙高洁
责任校对：赵懿桐　　　　　　　　　　　装帧设计：关　飞

出版发行：化学工业出版社（北京市东城区青年湖南街13号　邮政编码100011）
印　　装：凯德印刷（天津）有限公司
880mm×1230mm　1/32　印张5½　字数133千字　2021年4月北京第2版第1次印刷

购书咨询：010-64518888　　　　　　　售后服务：010-64518899
网　　址：http://www.cip.com.cn
凡购买本书，如有缺损质量问题，本社销售中心负责调换。

定　　价：39.80元　　　　　　　　　　　　版权所有　违者必究

编写人员名单

主　编：

雷家军　薛　莉

副主编：

谷　军　王志刚

参　编：

余　红　陈杉艳　宫文超　王全智

王　冲　梁　萧　马廷东　杨远杰

于　佳　郭瑞雪　赵　珺　郑　洋

王鸣谦　马迎杰　徐叶挺　阮继伟

旦真次仁　邓小敏　许　轲　宋刚林

前言

　　草莓浆果芳香多汁，酸甜适口，营养丰富，素有"浆果皇后"的美称，是最受人们喜爱的水果之一。草莓是果树中栽植后结果最早、周期最短的水果，而且特别适合设施生产和观光采摘，利用日光温室和塑料大棚生产采收期可达半年。草莓已经成为我国一种重要的经济果树，全国出现了很多专业生产草莓的草莓村、草莓乡镇、草莓县市。目前，中国草莓栽培面积和产量均居世界第一位。

　　我国草莓生产总面积、总产量虽高，但生产水平还较低，尤其绿色、无公害、有机生产水平无论在指导思想还是在技术上均较落后。草莓果实为小浆果，柔软多汁、鲜果没有外层保护、食用不削皮，通过简单清洗可直接食用或用于加工，因此，草莓鲜果对有机安全生产要求更严更高。有机草莓生产是我国农产品生产的新领域，是人们对食品安全提出的更高要求，是今后草莓生产的发展方向。

　　2013年我们编写了《有机草莓栽培实用技术》一书，受到了草莓生产者和科技工作者的一致好评。为满足广大读者的需求，决定修订再版该书，为此我们在第一版的基础上修订了部分内容，力求将最新品种、最新技术和最新研究成果呈现出来。本次修订主要对四个方面做了较大幅度修改。一是根据世界及中国草莓生产的最新进展，重新编写世界及中国草莓生产的历史与现状，并对中国草莓生产中的主要问题及发展趋势进行了分析和展望。二是增加一些我国最近几年推广应用的栽培新技术和育苗新技术，比如短日夜冷超促成栽培技术、高海拔冷凉地区四季草莓夏秋季生产技术等，并对它们进行了较详细的介绍。短日夜冷超促成栽培技术在日本已经较早应用，而且沿用至今，该技术最近几年在辽宁、山东、吉林等北方地区发展较快。利用高海拔冷凉地区四季草莓品种进行夏秋季生产，是满足我国草莓鲜果供应的重要栽培方式，最近几年在我国发展较快。三是补充了我国最近推广应用的草莓新品种，如日本新培育的一些草莓品种和我国自育的优良新品种。在国内首次详细介绍了日本草莓新品种如'天空莓''四星''再来一个''古都华''淡雪''雪兔''玲茜'等，'四星'是日本首次培育的种子生产型品种，'淡雪'是日本培育的白果草莓中略带黄色的稀有品种，'玲茜'则是日本夏秋季生产的主栽四季品种。四是增加了一些病虫害、育苗等方面的图片资料，使读者对草莓栽培管理技术和病虫害防治能够更直观更容易地掌握和识别。总之，本书修订再版力求呈现更新的品种、更新的技术，从而促进我国草莓栽培水平的提高，使我国草莓生产由"做大"转入"做强"的健康轨道上来。

本书的编写得到了全国草莓同行的大力支持，并得到了国家重点研发计划项目（2019YFD1000800）资助，在此一并深表感谢！同时，由于时间和水平有限，书中难免存在不足，希望大家不吝赐教，以便我们及时更正。

雷家军　薛　莉
2020年8月

目录

第一章
有机农业与有机草莓概述

第一节　有机农业概述

一、有机农业的概念

自 1940 年英国植物病理学家 Howard 提出有机农业（Organic Farming）以来，有机农业有很多定义，虽然描述有所不同，但意义相近。为了更好地理解有机农业，下面介绍几个被人们较普遍接受的有机农业的概念。

欧洲把有机农业定义为：通过使用有机肥料和适当的耕地措施，以达到提高土壤长效肥力的系统。有机农业生产中仍然可以使用有限的矿物物质，但不允许使用化学肥料。通过自然的方法而不是通过化学物质控制杂草和病虫害。

美国农业部定义为：有机农业是一种完全不用或是基本不用人工合成的肥料、农药、生长调节剂和禽畜饲料添加剂等的生产体系。尽可能地采用作物轮作、作物秸秆、禽畜粪肥、豆科作物、绿肥、农场以外的有机废弃物和生物防治病虫害和杂草。

国际有机农业运动联合会（IFOAM）定义为：有机农业包括所有能促进环境、社会和经济良性发展的农业生产系统。这些系统将当地土壤肥力作为成功生产的关键，通过尊重植物、动物和景观的自然能力，达到使农业和环境各方面质量都最完善的目标。有机农业通过禁止使用化学合成的肥料、农药来极大地减少外部物质投入，强调利用强有力的自然规律来增加农业产量和抗病能力。

我国生态环境部有机食品发展中心定义为：有机农业是指在作物种植与禽畜养殖过程中不使用化学合成的农药、化肥、生长调节剂、饲料添加剂等物质和基因工程生物及其产物，遵循自然规律和生态学原理，协调种植业与养殖业的平衡，采取一系列可持续发展的农业技术，维持持续稳定的农业生产过程。有机农业的核心是建立良好的农业生产体系，而有机农业生产体系的建立需要有一个过渡或有机转换的过程。

二、有机农业的特征

通过分析以上几种对有机农业定义的描述，可以认为有机农业生产是一种强调以生物学和生态学为理论基础并拒绝使用农用化学品的农业生产模式。

（一）耕作与自然的结合

有机耕作不用矿物氮源来提高土壤肥力，而是利用豆科作物的固氮能力来满足植物生长的需要。并将收获的豆科作物用作饲料发展养殖业，用畜禽粪便培肥土壤。土壤生物（微生物、昆虫、蚯蚓等）使土壤固有的肥力得以充分释放；植物残体、有机肥料还田有利于土壤活性的增强；土地通过多年轮作的饲料种植得到休养。

（二）遵循自然规律和生态学原理

有机农业的一个重要原则就是充分发挥农业生态系统内部的自

然调节机制。包括利用有机废弃物质，种植绿肥，选用抗性品种，合理耕作、轮作，多样化种植，利用天敌及采用生物和物理方法防治病虫草害，建立合理的作物布局，满足作物自然生长的条件，创建作物健康生产的环境。

（三）禁止基因工程获得的生物及其产物

基因工程是指采用人工技术将一种生物的基因插入到另一生物基因组中。基因工程不是自然发生的过程，违背了有机农业与自然秩序相和谐的原则。基因工程品种存在潜在的、不可预见的破坏自然生态平衡的影响。因此，有机农业坚决反对应用基因工程技术。

（四）禁止使用人工合成物质

有机农业生产严格禁止使用人工合成的化学农药、肥料、植物生长调节剂、畜禽防病治病化学药剂和饲料添加剂等物质。生产的有机产品完全是一种高品质、无污染的安全产品。

三、有机农业与传统农业和生态农业的关系

（一）有机农业与传统农业的比较

传统农业是指以长期以来积累的农业生产管理经验为主要技术的农业生产模式。生产过程中以精耕细作、农林结合、小面积经营为特征，不使用任何合成的农用化学品，用有机肥、绿肥培肥土壤，以人、畜力进行耕作，采用农业和人工措施或使用一些土农药进行病虫草害防治。从定义上比较，有机农业与传统农业有许多相同的特点，在土壤耕作、种植制度、土壤肥料及病虫防治方面都有相似之处。事实上，有机农业就是受到中国传统农业技术启发而提出的，许多传统农业的技术与方法仍然是有机生产的技术基础，但又不能将有机农业与传统农业等同起来。

有机农业是人们在高度发达的科学技术基础上重新审视人与自然的关系的结果，而不是复古和倒退。有机农业拒绝使用农用化学

品，但不是拒绝科学，相反它是建立在现代生物学、生态学知识基础上的，是在现代农业生产管理方法和水土保持技术、有机废弃物和作物秸秆处理技术、生物防治技术基础上发展起来的农业。

（二）有机农业与生态农业的比较

生态农业一词最初是由美国土壤学家阿尔布勒奇（W. Albreche）于 1970 年提出的，1981 年英国农学家伍新顿（M. Worthington）将生态农业明确定义为"生态上能自我维持，低输入，经济上有生命力，在环境、伦理和审美方面可接受的小型农业"。在西方，生态农业作为各种农业模式的替代模式之一，中心思想是将农业建立在生态学基础上而不是化学基础上，以避免石油农业带来的危机。其实西方国家的生态农业就是有机农业的另一种叫法，等同于有机农业。我国生态农业是 20 世纪 70 年代末至 80 年代初提出来的，其基本思想与西方生态农业一样，都是生态学思想，但定义和特征与国外生态农业有很大的不同。

我国所倡导并实施的生态农业内涵是：在经济与环境协调发展原则的指导下，总结吸收各种农业方式的成功经验，按照生态学原理，应用系统工程方法建立和发掘起来的农业体系，它要求把发展粮食生产与多种经济作物生产，发展种植业与林、牧、渔业，发展农业与二、三产业结合起来。利用我国传统农业的精华和现代科学技术，通过人工设计生态工程，协调经济发展与环境之间、资源利用与保护之间的关系，形成生态上和经济上的良性循环，实现农业的可持续发展。

四、有机产品与绿色食品、无公害农产品之间的关系

有机产品、绿色食品、无公害农产品是一组与食品安全和生态环境相关的概念，都属于农产品质量安全范畴，是农产品质量安全工作的组成部分，有不同的标识（图 1-1）。

有机产品是指来自有机农业生产体系，根据有机农业生产要求和相应的标准生产加工的，并通过合法的有机产品认证机构认证的

有机产品　　　　　　绿色食品　　　　　　无公害农产品

图1-1　有机产品、绿色食品、无公害农产品标识

一切农副产品及其加工品，包括粮食、蔬菜、水果、奶制品、禽畜产品、水产品、蜂产品、调料等。有机食品是有机产品中可供人类食用的一部分。

绿色食品是指遵循可持续发展原则，按特定生产方式生产，经专门机构认定，许可使用绿色食品标志、无污染、安全、优质的营养类食品（NY/T 391～NY/T 394 标准），分 AA 级绿色食品和 A 级绿色食品，其中 A 级绿色食品生产过程允许限量使用化学合成的生产资料；AA 级则要求生产过程中不能使用化学合成生产资料。绿色食品依据生产前、生产中、生产后的全程技术标准和环境、产品一体化的跟踪监测，严格限制化学物质的使用，保障食品和环境的安全，并采用证明商标的管理方式，规范市场秩序。

无公害农产品是指产地环境、生产过程和产品质量符合国家有关标准和规范的要求，经认证合格并获得认证证书，允许使用无公害农产品标志的未加工或者初加工的食用农产品。无公害农产品生产要求重点解决化肥、农药、兽药、饲料添加剂等农业投入品对农业生态环境和农产品的污染，生产方式上要求执行相应的农业投入品禁用和限用目录，科学合理地使用农业投入品。无公害农产品是通过政府实施产地认定、产品认证、市场准入等一系列措施，基本实现全国范围内食用农产品的无公害生产，是政府为保证广大人民群众饮食健康的一道基本安全线。

有机食品、绿色食品、无公害农产品的工作是协调统一、各有侧重和相互衔接的，三者构成金字塔形结构（图 1-2）。无公害农产品保证人们对食品质量安全的最基本需要，是最基本的市场准入条件；绿色食品达到了发达国家先进标准，满足了人们对食品质量安全更高的要求；有机食品是国际通行的概念，是食品安全更高的一个层次。无公害农产品是绿色食品和有机食品的发展基础，而绿色食品和有机食品是在无公害食品基础上的进一步提高。

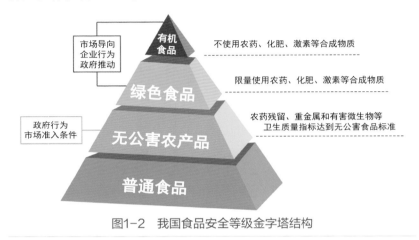

图1-2　我国食品安全等级金字塔结构

第二节　有机作物种植规范与包装储运要求

一、有机作物种植规范

（一）总则

1. 农场范围

农场应边界清晰、所有权和经营权明确；也可以是多个农户在同一地区从事农业生产，这些农户都愿意根据本标准开展生产，并且建立了严密的组织管理体系。

2. 产地环境要求

有机蔬菜生产需要在适宜的环境条件下进行。有机生产基地应远离城区、工矿区、交通主干线、工业污染源、生活垃圾场等，基地的土壤环境质量符合《土壤环境质量　农用地土壤污染风险管控标准（试行）》（GB 15618—2018），农田灌溉用水水质符合《农田灌溉水质量标准》GB 5084 的规定，环境空气质量符合《环境空气质量标准》（GB 3095—2012）的二级标准和《保护农作物的大气污染物最高允许浓度》（GB 9137）。

3. 缓冲带和栖息地

如果农场的有机生产区域有可能受到临近的常规生产区域污染的影响，则应当在有机和常规生产区域之间设置缓冲带或物理障碍物，以保证有机生产地块不受污染，防止临近常规地块的禁用物质的漂移。

在有机生产区域周边设置天敌的栖息地，提供天敌活动、产卵和寄居的场所，提高生物多样性和自然控制能力。

4. 转换期

转换期的开始时间从提交认证申请之日算起。一年生作物的转换期一般不少于24个月，多年生作物的转换期一般不少于36个月。

新开荒的、长期撂荒、长期按传统农业方式耕种的或有充分证据证明多年未使用禁用物质的农田，也应经过至少 12 个月的转换期。

转换期内必须完全按照有机农业的要求进行管理。

5. 平行生产

如果一个农场存在平行生产，应明确平行生产的动植物品种，并制订和实施平行生产、收获、贮藏和运输的计划，具有独立和完整的记录体系，能明确区分有机产品与常规产品（或有机转换产品）。

农场可以在整个农场范围内逐步推行有机生产管理，或先对一部分农场实施有机生产标准，制订有机生产计划，最终实现全农场的有机生产。

6. 转基因

禁止在有机生产体系或有机产品中引入或使用转基因生物及其衍生物，包括植物、动物、种子、成分划分、繁殖材料及肥料、土壤改良物质、植物保护产品等农业投入物质。存在平行生产的农场，常规生产部分也不得引入或使用转基因生物。

（二）作物种植

1. 种子和种苗选择

应当选择有机种子或种苗。当从市场上无法获得有机种子或种苗时，可以选用未使用禁用物质处理过的常规种子或种苗，但应制订获得有机种子或种苗的计划。

应选择适应当地的土壤和气候特点、对病虫害具有抗性的作物种类及品种。在品种的选择中应充分考虑保护作物的遗传多样性。

禁止使用经禁用物质和方法处理的种子和种苗。

2. 作物栽培

应采用作物轮作和间作、套作等形式以保持区域内的生物多样性，保持土壤肥力。在一年只能生长一茬作物的地区，允许采用两种作物的轮作；禁止连续多年在同一地块种植同一种作物，但牧草、水稻及多年生作物除外。应根据当地情况采用合理的灌溉方式（如滴灌、喷灌、渗灌等）控制土壤水分。应利用豆科作物、免耕或土地休闲进行土壤肥力的恢复。

3. 土肥管理

应通过回收、再生和补充土壤有机质和养分来补充因作物收获而从土壤带走的有机质和土壤养分。应保证施用足够数量的有机肥以维持和提高土壤的肥力、营养平衡和土壤生物活性。有机肥应主要源于本农场或有机农场（或畜场）；遇特殊情况（如采用集约耕作方式）或处于有机转换期或证实有特殊的养分需求时，经认证机构许可可以购入一部分农场外的肥料。外购的商品有机肥，应通过有机认证或经认证机构许可。限制使用人粪尿，必须使用时，应当按照相关要求进行充分腐熟和无害化处理，并不得与作物食用部分接触。禁止在叶菜类、块茎类和块根类作物上施用。

天然矿物肥料和生物肥料不得作为系统中营养循环的替代物，矿物肥料只能作为长效肥料并保持其天然组分，禁止采用化学处理提高其溶解性。有机肥堆制过程中允许添加来自自然界的微生物，但禁止使用转基因生物及其产品。在土壤培肥过程中允许使用和限制使用的物质见国家标准《有机产品 生产、加工、标识与管理体系要求》（GB/T 19630—2019）中的附录表 A.1（表 1-1）。

表1-1　有机植物生产中允许使用的土壤培肥和改良物质

类别	名称和组分	使用条件
植物和动物来源	植物材料（秸秆、绿肥等）	—
	畜禽粪便及其堆肥（包括圈肥）	经过堆制并充分腐熟
	畜禽粪便和植物材料的厌氧发酵产品（沼肥）	—
	海草或海草产品	仅直接通过下列途径获得：物理过程，包括脱水、冷冻和研磨；用水或酸和/或碱溶液提取；发酵
	木料、树皮、锯屑、刨花、木灰、木炭	来自采伐后未经化学处理的木材，地面覆盖或经过堆制
	腐植酸类物质（天然腐植酸，如褐煤、风化褐煤等）	天然来源，未经化学处理、未添加化学合成物质
	动物来源的副产品（血粉、肉粉、骨粉、蹄粉、角粉等）	未添加禁用物质，经过充分腐熟和无害化处理
	鱼粉、虾蟹壳粉、皮毛、羽毛、毛发粉及其提取物	仅直接通过下列途径获得：物理过程；用水或酸和/或碱溶液提取；发酵
	牛奶及乳制品	—
	食用菌培养废料和蚯蚓培养基质	培养基的初始原料限于本附录中的产品，经过堆制

类别	名称和组分	使用条件
植物和动物来源	食品工业副产品	经过堆制或发酵处理
	草木灰	作为薪柴燃烧后的产品
	泥炭	不含合成添加剂。不应用于土壤改良；只允许作为盆栽基质使用
	饼粕	不能使用经化学方法加工的
矿物来源	磷矿石	天然来源，镉含量小于或等于 90mg/kg 五氧化二磷
	钾矿粉	天然来源，未通过化学方法浓缩。氯含量少于 60%
	硼砂	天然来源，未经化学处理、未添加化学合成物质
	微量元素	天然来源，未经化学处理、未添加化学合成物质
	镁矿粉	天然来源，未经化学处理、未添加化学合成物质
	硫黄	天然来源，未经化学处理、未添加化学合成物质
	石灰石、石膏和白垩	天然来源，未经化学处理、未添加化学合成物质
	黏土（如珍珠岩、蛭石等）	天然来源，未经化学处理、未添加化学合成物质
	氯化钠	天然来源，未经化学处理、未添加化学合成物质
	石灰	仅用于茶园土壤 pH 值调节
	窑灰	未经化学处理、未添加化学合成物质
	碳酸钙镁	天然来源，未经化学处理、未添加化学合成物质
	泻盐类	未经化学处理、未添加化学合成物质
微生物来源	可生物降解的微生物加工副产品，如酿酒和蒸馏酒行业的加工副产品	未添加化学合成物质
	微生物及微生物制剂	非转基因，未添加化学合成物质

在有理由怀疑肥料存在污染时，应在施用前对其重金属含量或其他污染因子进行检测。应严格控制矿物肥料的使用，以防止土壤重金属累积。检测合格的肥料，应限制使用量，以防土壤有害物质累积。禁止使用化学合成肥料和城市污水污泥。

4. 病虫草害防治

病虫草害防治的基本原则应是从作物 - 病虫草害整个生态系统出发，综合运用各种防治措施，创造不利于病虫草害滋生和有利于各类天敌繁衍的环境条件，保持农业生态系统的平衡和生物多样化，减少各类病虫草害所造成的损失。优先采用农业措施，通过选用抗病抗虫品种，非化学药剂种子处理、培育壮苗，加强栽培管理，中耕除草，秋季深翻晒土，清洁田园，轮作倒茬，间作套种等一系列措施起到防治病虫草害的作用。还应尽量用灯光、色彩诱杀害虫，机械捕捉害虫，机械和人工除草等措施，防治病虫草害。以上方法不能有效控制害虫时允许使用国家标准《有机产品生产、加工、标识与管理体系要求》（GB/T 19630—2019）附录表 A.2 所列出的物质（表 1-2）。

表1-2　有机植物生产中允许使用的植物保护产品

类别	名称和组分	使用条件
植物和动物来源	楝素（苦楝、印楝等提取物）	杀虫剂
	天然除虫菊素（除虫菊科植物提取液）	杀虫剂
	苦参碱及氧化苦参碱（苦参等提取物）	杀虫剂
	鱼藤酮类（如毛鱼藤）	杀虫剂
	茶皂素（茶籽等提取物）	杀虫剂
	皂角素（皂角等提取物）	杀虫剂、杀菌剂
	蛇床子素（蛇床子提取物）	杀虫、杀菌剂
	小檗碱（黄连、黄柏等提取物）	杀菌剂
	大黄素甲醚（大黄、虎杖等提取物）	杀菌剂
	植物油（如薄荷油、松树油、香菜油）	杀虫剂、杀螨剂、杀真菌剂、发芽抑制剂

类别	名称和组分	使用条件
植物和动物来源	寡聚糖（甲壳素）	杀菌剂、植物生长调节剂
	天然诱集和杀线虫剂（如万寿菊、孔雀草、芥子油）	杀线虫剂
	天然酸（如食醋、木醋和竹醋）	杀菌剂
	菇类蛋白多糖	杀菌剂
	水解蛋白质	引诱剂，只在批准使用的条件下，并与本表的适当产品结合使用
	牛奶	杀菌剂
	蜂蜡	用于嫁接和修剪
	蜂胶	杀菌剂
	明胶	杀虫剂
	卵磷脂	杀真菌剂
	具有驱避作用的植物提取物（大蒜、薄荷、辣椒、花椒、薰衣草、柴胡、艾草的提取物）	驱避剂
	昆虫天敌（如赤眼蜂、瓢虫、草蛉等）	控制虫害
矿物来源	铜盐（如硫酸铜、氢氧化铜、氯氧化铜、辛酸铜等）	杀真菌剂，每12个月铜的最大使用量每公顷不超过6 kg
	石硫合剂	杀真菌剂、杀虫剂、杀螨剂
	波尔多液	杀真菌剂，每12个月铜的最大使用量每公顷不超过6 kg
	氢氧化钙（石灰水）	杀真菌剂、杀虫剂
	硫黄	杀真菌剂、杀螨剂、驱避剂
	高锰酸钾	杀真菌剂、杀细菌剂；仅用于果树和葡萄
	碳酸氢钾	杀真菌剂
	石蜡油	杀虫剂、杀螨剂
	轻矿物油	杀虫剂、杀真菌剂；仅用于果树、葡萄和热带作物（例如香蕉）
	氯化钙	用于治疗缺钙症
	硅藻土	杀虫剂
	黏土（如：斑脱土、珍珠岩、蛭石、沸石等）	杀虫剂

类别	名称和组分	使用条件
矿物来源	硅酸盐（如硅酸钠、硅酸钾等）	驱避剂
	石英砂	杀真菌剂、杀螨剂、驱避剂
	磷酸铁（3价铁离子）	杀软体动物剂
微生物来源	真菌及真菌制剂（如白僵菌、绿僵菌、轮枝菌、木霉菌等）	杀虫剂、杀菌剂、除草剂
	细菌及细菌制剂（如苏云金芽孢杆菌、枯草芽孢杆菌、蜡质芽孢杆菌、地衣芽孢杆菌、荧光假单胞杆菌等）	杀虫剂、杀菌剂、除草剂
	病毒及病毒制剂（如核型多角体病毒、颗粒体病毒等）	杀虫剂
其他	二氧化碳	杀虫剂，用于贮存设施
	乙醇	杀菌剂
	海盐和盐水	杀菌剂，仅用于种子处理，尤其是稻谷种子
	明矾	杀菌剂
	软皂（钾肥皂）	杀虫剂
	乙烯	—
	昆虫性外激素	仅用于诱捕器和散发皿内
	磷酸氢二铵	引诱剂，只限于诱捕器中使用
诱捕器、屏障	物理措施（如色彩／气味诱捕器、机械诱捕器等）	—
	覆盖物（如秸秆、杂草、地膜、防虫网等）	—

5. 污染控制

有机地块与常规地块的排灌系统应有有效的隔离措施，以保证常规农田的水不会渗透或漫入有机地块。常规农业系统中的设备在用于有机生产前，应得到充分清洗，去除污染物残留。

在使用保护性的建筑覆盖物、塑料薄膜、防虫网时，只允许选择聚乙烯、聚丙烯或聚碳酸酯类产品，并且使用后应从土壤中清除。禁止焚烧，禁止使用聚氯类产品。有机产品的农药残留不能超过国家食品卫生标准相应产品限值的 5%，重金属含量也不能超过国家食品卫生标准相应产品的限值。

6. 水土保持和生物多样性保护

应采取积极的、切实可行的措施，防止水土流失、土壤沙化、过量或不合理使用水资源等，在土壤和水资源的利用上，应充分考虑资源的可持续利用。

应采取明确的、切实可行的措施，预防土壤盐碱化。提倡运用秸秆覆盖或间作的方法避免土壤裸露。应重视对生态环境和生物多样性的保护。应重视对天敌及其栖息地的保护。应充分利用作物秸秆，禁止焚烧处理。

二、有机产品包装与储运要求

（一）包装

提倡使用由木、竹、植物茎叶和纸制成的包装材料，允许使用符合卫生要求的其他包装材料。包装应简单、实用，避免过度包装，并应考虑包装材料的回收利用。允许使用二氧化碳和氮作为包装填充剂。禁止使用含有合成杀菌剂、防腐剂和熏蒸剂的包装材料。禁止使用接触过禁用物质的包装袋或容器盛装有机产品。

（二）贮藏

经过认证的产品在贮存过程中不得受到其他物质的污染。贮藏产品的仓库必须干净、无虫害、无有害物质残留，在最近 7 d 内未经任何禁用物质处理过。除常温贮藏外，允许以下贮藏方法：贮藏室空气调控、温度控制、干燥、湿度调节。有机产品应单独存放。如果不得不与常规产品共同存放，必须在仓库内划出特定区域，采取必要的包装、标签等措施确保有机产品不与非认证产品混放。产品出入库和库存量必须有完整的档案记录，并保留相应的单据。

（三）运输

运输工具在装载有机产品前应清洗干净。有机产品在运输过程中应避免与常规产品混杂或受到污染。在运输和装卸过程中，外包装上的有机认证标志及有关说明不得被污染或损毁。运输和装卸过程应有完整的档案记录，并保留相应的单据。

第三节　有机草莓的概念与生产意义

一、有机草莓的概念及特征

有机草莓是指通过有机农业体系生产，获得第三方有机认证的草莓，是有机产品中的一种具体产品。有机草莓是在有机农业生产体系中，按相应的有机产品标准进行草莓的生产、销售、管理，经具有有机产品认证资质的第三方认证机构认证的草莓产品。

有机草莓具体定义是：按国家有机产品标准，遵循自然规律和生态学原理，采取一系列可持续发展的农业技术生产的草莓鲜果。在生产过程中，不受化学物质的干扰，也不污染环境，不使用人工合成的化合物，包括化肥、合成农药、生长调节剂、添加剂和转基因工程的技术、产品，经过具备资质的认证机构认证的草莓，称为有机草莓。

有机草莓必须同时具备四个条件：

第一，草莓必须来自已经建立或正在建立的有机农业生产体系，或采用有机方式采集的野生天然果品。

第二，草莓在整个生产过程中必须严格遵循有机产品的加工、包装、贮藏、运输等要求。

第三，生产者在有机草莓的生产和流通过程中，有完善的跟踪审查体系和完整的生产、销售的档案记录。

第四，必须通过独立的有机草莓认证机构的审查认证。

二、有机草莓产业的发展前景

随着人们对食品安全认识的提高，有机食品在全球呈现蓬勃发展的势头，许多国家有机食品生产规模的增长达到 20%～50%，将成为增长最快的产业之一。其次有机草莓的价格比常规草莓的价格高出 30% 以上。随着市场需求的增加，产品价值的提高，生产投入物质的减少，果农的生产效益必然得到大幅度的增加。

有机草莓的市场前景主要表现在以下几个方面。

1. 有机草莓具有鲜草莓与有机食品双重正效益

首先，草莓及其制品可以作为"保健型"休闲食品，对人类的身体健康具有良好的保健功能。其次，人们消费草莓鲜果的时候，所要考虑的前提是安全。按有机产品标准生产的有机草莓及其有机草莓食品，则满足了广大消费者的需求。由于有机草莓在生产过程中不施用化肥、合成农药，因此无须担心农药的残留问题，草莓果的营养成分也不会发生变化，所具有的各种功效将能得到全面的发挥。

2. 有机草莓较常规草莓有极大的市场潜力

《中国的食品质量安全状况》白皮书介绍，中国有机产品认证面积达 203 万公顷，已进入世界前 10 位。而我国有机食品在全部食品种类中只占 0.1%，远没有达到国际 2% 的平均水平。据吴文良（2006）分析，目前我国有机食品发展速度较快，市场需求大，有希望成为继欧盟、美国和日本之后的又一有机农业大国。另外，我国的有机草莓市场主要面对日本、韩国和欧盟，他们的有机产品增长率为 20%～40%，所以我国的有机草莓生产蕴藏着很大潜力。

3. 发展有机草莓生产能增加果农收入

按国际行情，通常有机产品比常规产品价格高 30% 以上，如果是新开发的新产品则高 50% 以上。还由于有机产品减少了农药、化肥的投入，降低了生产成本，如能采用免耕栽培、种养平衡发展等与有机生产相关的先进技术，将能更大幅度地降低生产成本。

4. 有机食品是保健型休闲食品发展的必然趋势

有机食品无论是农药残留，还是营养成分，是所有食品中要求最严格、质量最好的级别。目前，食品的安全性是万众瞩目的社会问题，消费者在进行保健消费时优先考虑的是安全，其次是功能。有机食品完全能满足消费者对这些方面的要求。因此，采用有机农药生产体系，开展有机栽培，是生产保健食品的必然趋势。随着人们生活水平的提高，有机草莓占草莓的市场份额将逐步得到提升。

第四节　有机草莓的认证

一、有机食品认证的基本要求及程序

有机食品认证属于有机产品认证的范畴，是指经认证机构依据相关要求认证，以认证证书形式确认的某一生产或加工体系。虽然不同认证机构的认证程序有一定的差距，但都必须符合《中华人民共和国认证认可条例》、国家市场监督管理总局《有机产品认证管理办法》、国家认证认可监督管理委员会（CNCA）《有机认证实施规则》和中国认证机构国家认可委员会（CNAS）《产品认证机构通用要求　有机产品认证的应用指南》的要求以及国际通用的做法。有机产品认证过程以检查为基础，包括实地检查、质量保证体系检查和必要时对产品或环境、土壤的抽样检测。有机产品认证的模式通常为"过程检查＋必要的产品和产地环境监测＋认证后监督"，其认证程序一般包括认证申请受理、检查准备和实施、合格评定和认证决定、监督和管理等主要流程（图1-3）。

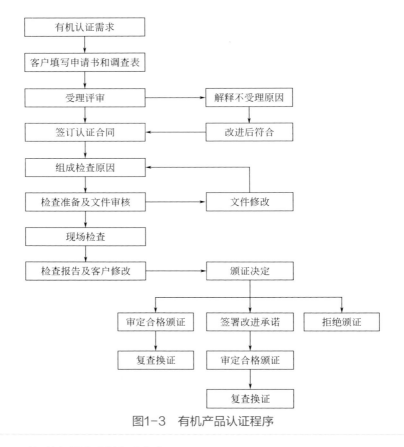

图1-3 有机产品认证程序

检查主要包括以下内容：

① 生产或加工设施、土地、储藏、环境质量状况，包括对有机生产可能产生影响的风险评估；

② 识别和调查有风险的区域；

③ 生产、加工记录和账户；

④ 农田的生产和销售平衡，投入和产出平衡，加工和处理的追溯性；

⑤ 经营者是否有效执行有机生产标准和认证机构的要求；

⑥ 允许和限制使用的物资，必要时进行抽样检测；

⑦ 转换期的要求，分离生产的要求，平行生产的要求，基因

工程产品的要求。

对于有机产品的认证，有机产品生产者特别要重视有机转换期要求。以欧盟标准为例，一年生作物在播种前至少需要两年的转换期，而多年生作物（牧草除外）在第一次收获有机产品之前至少需要 3 年的转换期。也就是说，如果想要产品获得有机认证，必须确保在转换期内的生产要求符合有机要求并有足够的证据来证明。

二、有机草莓的认证申请

有机产品是当今世界农产品中卫生质量和营养品质最高的产品，也是消费市场中的高端农产品。所以在决定生产有机草莓之前，应当对其有充分的认识，对有机产品的发展要充满信心，也应从思想上、认识上和生产资源的配置上有一个良好的开端和长远的规划。

（一）前期准备

在确定开展有机草莓生产后，组织者、管理者首先要认真学习、领会相关标准文件的规定，对照生产中各个生产、管理程序，明确需要进行改进的环节、措施，收集汇总有机认证所需的文件档案。

在汇总材料过程中，要对照标准，检查文件、记录，及时补缺补漏，首次申请者尤其要认真仔细，能想到的问题都要按有机标准尽可能处理完整。其次要全面收集投入物质的购进、处理、使用的各个环节详细的证据，包括购进发票、处理记录、使用记录等。

（二）认证机构

我国产品质量的认证资格，统一由国家认证认可监督管理委员会（CNCA）批准。有机认证在国际上通行第三方认证，我国也遵守这一规则，所以任何机构有机产品的认证资质都应获得批准，才能进行有机产品的认证。同样，从事有机产品认证的检查员，也必须经认可机构（目前是中国认证认可协会）注册后，方可从事有机产品认证活动。

目前，我国经国家认证认可监督管理委员会批准的有机产品认证机构已经有不少，主要有：南京国环有机产品认证中心、北京中绿华夏有机食品认证中心等。

申请国外有机标准的认证资质，可直接向具备相应资质的国外认证中心申请批准代理美国国际有机物改良协会（OCIA）和日本有机农产品认证协会（JONA）等国外权威有机食品认证机构在中国的认证业务，为国内企业提供符合 OCIA、JONA 认可国际标准、日本有机标准（JAS）、美国有机标准（NOP）、欧盟有机标准（EU2092/91）、瑞士和加拿大标准的认证业务。需要认证以上标准的单位，可向国家生态环境部有机食品发展中心 OCIA 中国分会申请。关于认证费用，可向拟委托认证的机构咨询，确定认证机构后，索取表格，认真填报。

（三）认证申请

一般认证机构是以递交申请之日起算转换期，起算时间是以申请时间为准。所以，申请者在申请过程中，在材料完备的情况下，应尽早递交申请，不足部分，也可随后补充。签订合同之前，认证机构仅仅了解申请单位的有机生产概况，细节的问题会在审查材料阶段进行。

（四）签订合同

申请单位与认证检查机关是委托认证的法律关系，不存在上下级或主管的关系，由申请单位委托认证机构检查评价申请单位所生产的有机草莓是否符合有机产品标准。明确互相的法律关系，并签订相应的合同书。生产单位根据各种要求，寻找适合本单位的认证机构。在签订合同之前，申报单位应充分了解认证机构的认证资格。无论是哪一家有机产品认证机构，都应该持有国家认证认可监督管理委员会（简称国家认监委）确定的认可机构的批准证书。认证机构会将该证书摆放在醒目的位置，或将其复印件通过相应的渠道进行宣传。签订合同后，交纳相关费用，即完成委托程序。

（五）材料审查

认证机构收到申请和申报资料后，首先进行资料初审。每个农场的条件不同，环境千变万化，可能还有一些问题需要沟通，检查人员会对申报单位的有机草莓生产有一个初步的了解、判断，或需要申报单位进一步提供相关的资料。资料审查结束后，由检查员确定现场检查时间。检查一般在采果之前或采收期间进行。

（六）现场检查

认证机构对申报的材料审查完毕之后，下一步将进行现场检查。检查时间会预先通知申报单位。此外按规定，每年还将进行几次不通知检查。

（七）反馈

在现场检查结束前，认证人员向受检查方通报和确认检查的结果，包括整改意见和不符合项，也可以是以随后出具检查报告的形式告知受检查方。受检查方应在认证机构规定的期限内予以纠正检查员提出的整改内容，由于客观原因（如农时、季节等）而在短期内不能完成整改的，要求受检查方对实施纠正的措施和完成纠正的时间做出承诺。认证机构（或委托的检查组）对纠正情况还将进行有效性检验。认证检查员现场可以提出不符合项，但规定不对申请人做出全面结论。

（八）认证批准

颁证委员会根据现场检查员提交的检查报告和相关材料进行全面审查，做出同意颁证、有条件颁证、有机转换颁证或拒绝颁证的决定。

（九）颁发证书

根据颁证委员会决议，向符合条件的申请者颁发证书。获有条件颁证申请者要按认证机构提出的意见进行改进，或做出书面承诺。

第二章
草莓生产的意义与国内外现状

第一节　草莓的营养价值和经济意义

一、草莓的营养价值

　　草莓浆果芳香多汁，酸甜适口，营养丰富，素有"浆果皇后"的美称。草莓浆果中水分多，约占鲜果重的90%。在各种常见鲜果中，草莓的维生素C和磷、钙、铁的含量很高，其他营养物质如维生素 B_1、蛋白质、脂肪等含量也较丰富。据中国医学院卫生研究所《食物成分表》的数据，100g草莓鲜果中含水分90.7g、碳水化合物5.7g、蛋白质1.0g、脂肪0.6g、粗纤维1.4g、磷41.0mg、铁1.1mg、钙32.0mg、维生素A（胡萝卜素）0.01mg、维生素 B_1（硫胺素）0.02mg、维生素 B_2（核黄素）0.02mg、维生素C（抗坏血酸）50～120mg、烟酸0.3mg、无机盐0.6g。草莓中的糖分主要是葡萄糖、果糖，两者约占80%，而蔗糖较少，约占20%。有机酸在鲜果中一般含 0.6%～1.6%，其中大部分为柠檬酸，少量为苹果酸。果汁中氨基酸种类丰富，主要是天门冬酰胺（占 70% 以上）、丙氨酸（约占 9%）、谷氨酸（约占 5%）和天门冬氨酸（约占 5%），还有少量的其他氨基酸。草莓果实果胶含量约占 0.3%～0.5%，全果胶含量在果实成熟时呈下降趋势，果胶含量与加工品质有较大关系。草莓的香味由一些挥发性物质组成，主要有丁酸甲酯、丁酸乙酯、己酸甲酯、己醛、反-2-己烯醛、呋喃酮、呋喃烯醇以及一些酮类、萜类、硫化物。果实成熟时，这些挥发性物质形成量增加，使草莓果实香气浓郁。草莓芳香物质含量甚微，但香味独特，其特殊的草莓香型深受人们喜爱。在包括野生草莓在内的众多草莓种质资源中，有一些种、品种、人工杂交后代单株的果实风味极似一些其他水果，如哈密瓜、香瓜、凤梨、杏、桃、桑葚，有的还具特殊的麝香味。

草莓不仅可鲜食，而且还可加工成各种产品，如制成草莓酱、草莓酒、草莓汁、草莓蜜饯、草莓罐头、速冻草莓、草莓冻干以及作为雪糕、糖果、饼干等的添加剂、糕点的点缀物等。草莓酱色、香、味俱佳，是国际市场上最畅销的高档果酱之一。草莓汁、草莓汽水等各种草莓饮品都具有芳香浓郁、味道醇美的特点，是深受人们喜爱的生津解渴和防暑降温的佳品。速冻草莓既可化冻后鲜食，又利于加工前的长途运输。

草莓还有较高的医疗和保健价值。现代医学证明，草莓对白血病、贫血症等具有较好的功效。具有抗衰老作用，还对肠胃不适、营养不良、体弱消瘦等病症大有裨益。草莓中含有鞣花酸（Ellagic Acid），它是一种抗癌物质，能有效防止癌症的发生。研究表明，在各种果蔬中，草莓中的鞣花酸含量很高，因此近几年国际上正在加紧对其开发利用。草莓还是一种天然的美容健身、延年益寿的保健佳品，可滋润肌肤，减少皮肤皱纹，延缓衰老。在日本，草莓被称为"活的维生素"，认为草莓具有很高的医疗和保健价值。

二、草莓的经济意义

在世界各种浆果类果树中，草莓的栽培面积和产量仅次于葡萄，居第二位。草莓是果树中栽植后结果最早、周期最短、见效最快的树种之一，应用设施栽培周期更短。草莓是一年中露地栽培最早上市的水果，此时正值鲜果淡季，素有"早春第一果"的美称。露地栽培时，我国从南到北的果实成熟期一般在1月下旬至6月上旬。用露地、地膜、小拱棚、中拱棚、塑料大棚、日光温室、玻璃温室等多种栽培形式搭配，可拉开草莓鲜果上市时期，使鲜果供应期延长至8个月，北方为11月下旬至翌年6月，南方为10月下旬至翌年5月。另外，还可以利用四季结果型品种在冷凉地区进行夏秋季栽培。因此，草莓基本可以做到周年供应，按时按需满足市场供应，取得较好的经济效益。

草莓植株矮小，适合设施栽培，这一特殊优势使草莓成为近30年来我国果树产业中发展最快的一种水果，是我国许多地区农村经济中的典型致富项目。草莓栽培现已遍及全国各地，北至黑龙江、内蒙古，南至广东、海南岛，东至江苏、浙江，西至新疆、西藏均有栽培，在一些地区草莓已成为当地农村经济的支柱产业。辽宁丹东和河北保定是全国最早发展起来的两大草莓基地。目前全国有名的县市级集中产区主要有辽宁东港、河北满城、山东临沂、安徽长丰、江苏句容和黄川、河南中牟、上海青浦、浙江建德、四川双流等地，它们已成为沈阳、北京、天津、济南、大连、合肥、南京、郑州、上海、杭州、成都等大城市的草莓鲜果供应主产地。

就产值而言，以2018~2019年冬春季收入为例，南方塑料大棚栽培'红颜'品种，一般每亩❶产量为1500~2000kg，产值约为2.5万~4.0万元，北方日光温室栽培则产量可达2000~2500kg，产值约3.0万~6.0万元。目前，南方露地栽培一般用于观光采摘或就近销售，少量用于加工，北方露地栽培则主要用于加工。草莓生产的经济效益与市场供求、成熟时期、果品质量、投入成本等因素关系很大，各种形式的设施栽培产值明显高于露地栽培。

草莓可与水稻、蔬菜及其他农作物轮作、套作、间作，且已在生产上广泛应用，南方多与水稻轮作，既可以减轻连作障碍、减少

---

❶　1亩≈667m²。

病虫害，又可以增加收入，效果明显。草莓植株矮小，其苗木繁殖时常与其他果树、玉米等高秆作物间作。北方在大棚或温室栽培有时还与豆角、西红柿、香瓜套作。这些形式不但能充分利用土地面积和栽培设施，而且可有效增加单位面积收益。

第二节　国内外草莓生产历史与现状

一、世界草莓生产历史与现状

（一）世界草莓栽培历史

现代大果栽培草莓为八倍体的凤梨草莓（*Fragaria* × *ananassa*，$2n=8x=56$），约于 1750 年发源于法国，是由 2 个美洲种弗州草莓（*F. virginiana* Duch.，$8x$）和智利草莓（*F. chiloensis* Duch.，$8x$）偶然杂交而来的。

一般认为，草莓的栽培始于 14 世纪，最早的记载是在 1368 年，法国查尔斯五世（Charles V）国王让他的花匠在巴黎的卢浮宫皇家花园栽植了约 1200 株森林草莓（*F. vesca* L.）。当时栽培目的主要是观赏和药用，食用是次要的。15 世纪至 16 世纪栽培则较为广泛，并已开始利用某些连续结果的类型。16 世纪末，欧洲庭园栽培的两种草莓主要是森林草莓（*F. vesca* L.）和麝香草莓（*F. moschata* Duch.）。19 世纪末，德国主要栽培的是麝香草莓（*F. moschata* Duch.），直到 20 世纪 30 年代，在俄罗斯栽培麝香草莓还相当普遍。

弗州草莓（*F. virginiana* Duch.）在美洲很早就被驯化栽培。北美印第安人用它的果实来增加面包和饮料的香味，当时不但采集野生的，也有人工栽培的。弗州草莓在 17 世纪初引入欧洲，在欧洲选出了雌雄同株的品种，到 1820 年至少已有 30 个品种以上。弗州草莓中的许多品种很适于制酱，因为它味酸、香、颜色鲜红。少数几个品种因有特殊香味直到 20 世纪中叶仍有栽培。例如，在英国，到 1824 年已筛选出 26 个弗州草莓品种，如 'Oblong Scarlet' 'Duke of Kent's Scarlet' 等，后来大多数被栽培种凤梨草莓（*F.×ananassa* Duch.）所取代。

智利草莓［*F. chiloensis*（L.）Duch.］可能与欧洲的森林草莓有同样长的栽培历史。在 16 世纪中叶，西班牙人发现智利的印第安人部落栽培智利草莓，果实用于鲜食或酿酒，还晒干制成果脯。智利草莓于 1714 年由法国人从智利引入法国，1720 年在荷兰的莱顿大学植物园开始栽培。智利草莓的栽培一直持续到 19 世纪末，直到被现代栽培大果凤梨草莓（*F.×ananassa* Duch.）所取代。

现在栽培的草莓种凤梨草莓（*F.×ananassa*）最初在法国、英国、荷兰等欧洲国家栽培，随后在欧洲和美洲逐渐推广开来，后来又传播到了日本。早期育出的草莓品种 'Downton' 和 'Elton'（1828）、'Keens Imperial'（1814）和 'Keens Seedlings'（1821）主宰了欧洲市场近半个世纪。19 世纪英国育出的品种还有 'British Queen'（1840）、'Victoria'（1850）、'Royal Sovereign'（1892）等，这些品种早期在欧洲有较广泛的栽培。'Hovey'（1834）是美国第一个真正人工杂交的品种，是几乎所有现代草莓栽培品种的祖先之一，而 'Wilson'（1851）则是美国第一个现代草莓品种，使得草莓栽培有了较大规模的发展。美国在早期培育的几个品种在生产上进行了推广，如 'Sharpless'（1872）、'Aroma'（1892）、'Marshall'（1893）、'Howard 17'（1909）等。目前，凤梨草莓栽培品种在世界各地均有广泛栽培。

（二）世界草莓生产现状

据联合国粮农组织（FAO）统计，目前世界草莓栽培总面积约为 37.2 万公顷，总产量约 833.7 万吨（FAO，2018）。世界上草莓栽培面积前十余位的国家是中国（11.06 万公顷）、波兰（4.78 万公顷）、俄罗斯（2.98 万公顷）、美国（1.99 万公顷）、土耳其（1.61

万公顷）、德国（1.40 万公顷）、墨西哥（1.37 万公顷）、埃及（0.89 万公顷）、白俄罗斯（0.87 万公顷）、乌克兰（0.79 万公顷）、西班牙（0.70 万公顷）、塞尔维亚（0.69 万公顷）、韩国（0.57 万公顷）、日本（0.53 万公顷）等（FAO，2018）。

世界上草莓年产量最高的前十余位国家是中国（295.5 万吨）、美国（129.6 万吨）、墨西哥（65.4 万吨）、土耳其（44.1 万吨）、埃及（36.3 万吨）、西班牙（34.5 万吨）、韩国（21.3 万吨）、俄罗斯（19.9 万吨）、波兰（19.6 万吨）、日本（16.3 万吨）、摩洛哥（14.3 万吨）、德国（14.2 万吨）、英国（13.2 万吨）、意大利（11.9 万吨）等（FAO，2018）。

世界各大洲中，亚洲草莓产量最多，为 388.9 万吨（占 46.6%），其次是欧洲 168.0 万吨（占 20.2%）和北美洲 132.6 万吨（占 15.9%）。中美洲 67.3 万吨（8.1%）、非洲 52.6 万吨（6.3%）、南美洲 18.1 万吨（2.2%）、大洋洲 6.2 万吨（0.7%）这 4 个洲总量较少。从单位面积的产量来看，北美洲最高，远远高于欧洲及其他各洲。

亚洲草莓主产国是中国，其次是日本和韩国，主要采用设施生产，以鲜食为主。自 20 世纪 90 年代中期以来，随着中国草莓生产的迅速崛起，种植面积迅猛扩大，亚洲已成为世界草莓的主产地，占据世界生产的重要地位。日本和韩国均以塑料大棚设施栽培为绝对主体，露地栽培面积已经很少。日本栃木县是最大的草莓生产县，近些年九州地区已成为日本最大的草莓集中产区。日本和韩国用于加工的草莓主要来自进口。

欧洲草莓产量目前以土耳其和西班牙最多，法国、英国、意大利的产量近几年一直呈下降趋势，但土耳其最近几年草莓生产发展迅速，产量居欧洲之首，它以传统的露地栽培为主，果实主要用于加工。波兰草莓栽培面积在欧洲居首位，但单位面积产量相对较低。西班牙西南部的韦尔瓦省草莓产量占全国的 90%，主要利用小拱棚和塑料大棚生产栽培，以鲜食生产为主，并大量出口到法国、德国、英国等国家。俄罗斯近几年总产量呈下降趋势，主要以大型集体农庄为单位，采用露地栽培方式，生产的草莓主要用于冷冻、加工或制果酱。

北美洲草莓主要生产国是美国，其次是墨西哥和加拿大，生产的草莓主要用于鲜食。绝大多数为露地栽培，只有很少部分设施（或避雨）栽培。加利福尼亚州是美国最大的草莓产区，约占美国总产量的80%，其次是佛罗里达州、俄勒冈州和华盛顿州。墨西哥的草莓产量在北美洲居第二位，产品主要出口美国。加拿大的草莓生产近年来呈下降趋势，魁北克省和安大略省是加拿大草莓的主产地。

非洲的草莓生产发展很快，主要得益于埃及和摩洛哥的带动。埃及是非洲草莓栽培面积最大的国家，近几年从美国引进了优质高产新品种，栽培面积逐年增加，生产的草莓主要向欧洲和海湾国家出口。摩洛哥利用其温暖湿润的地中海气候条件，大力发展草莓产业，曾是非洲草莓产量最大的国家，但现在草莓种植面积逐渐减少。

二、中国草莓生产历史与现状

（一）中国草莓生产历史

我国野生草莓资源十分丰富，但并未用于生产栽培，只是采食自然生长状态下的果实。栽培种大果凤梨草莓（$F. \times ananassa$）20世纪初期才传入我国，距今已有100多年的历史。据相关资料记载，1915年一个俄罗斯侨民从莫斯科引入5000株'维多利亚'（Victoria）草莓到黑龙江省亮子坡栽培，1918年又有一铁路司机从高加索引种到一面坡。据调查，同期在上海也有一些传教士引种到现今的宝山区张建浜一带栽培，主要是在幼龄果园行间间作。在河北，由法国神父引入草莓品种到正定天主教堂栽培，后由天主教徒传到定县王会同村及献县一带。到20世纪30年代，由华侨从朝鲜半岛带回草莓到山东黄县（今龙口市）一带栽培，俗称"高丽果"，后传到烟台等地。后来，全国各地通过教堂、教会学校、大使馆等渠道也少量引入。20世纪40年代前，原南京中央大学和金陵大学农学院试验场均曾从国外引进草莓品种，进行筛选和栽培，但一直未形成商品生产，主要作为一种奢侈品在一些大城市零星栽培。

20世纪50年代中后期，我国草莓在大城市附近已开始经济栽培，主要在上海、南京、杭州、青岛、保定、沈阳等城市近郊成片发展，尤以宁、沪、杭一带较盛，东北地区也多有栽培，有的地方已形成较集中的产区，主栽品种多是由一些传教士、侨民或民间引入的。由于当时对草莓生产不重视、栽培水平低下、相互引种等原因，常出现品种名遗忘、混杂、丢失以及自然实生等现象，失去原有的品种名，加之草莓抽生匍匐茎能力强，栽培或保存不同品种时易混杂，各地引种后多习惯以果形、地名或地名加果形命名，如'保定鸡心''丹东鸡冠''满城鸡心''烟台大鸡冠''扇子面''鸭嘴''圆球'等，这些地方品种的共同特点是果较大、丰产、品质一般、果肉较软、不耐贮运，而且多是中晚熟品种，都是在露地进行种植，栽培形式单一，经济效益低。

20世纪60年代我国的草莓生产曾一度迅速发展，当时上海的栽培面积曾超过50公顷，年产量约250吨。但随后的10年，全国的草莓栽培面积迅速减少，到20世纪70年代后期，我国草莓生产降到了最低谷。如当时上海草莓栽培面积仅2公顷，年产量仅12.5吨。1978年，全国栽培面积也不过300公顷，总产量不足2000吨。

我国草莓生产真正迅速发展始于20世纪80年代。随着改革开放和农村经济体制改革，草莓生产发展非常迅速，通过各种渠道从欧美和日本引进一大批优良品种，筛选出的'全明星''戈雷拉''宝交早生''丰香'等迅速成为主栽品种，替代了原有的老品种，栽培面积逐年扩大甚至成倍增加，栽培形式也由原来的单一露地栽培转变为露地与多种设施形式并存，使经济效益大大提高，草莓栽培得到快速发展。

（二）中国草莓生产现状

目前中国草莓栽培面积和年产量均居世界第一位，我国草莓主要用于鲜食，只有少量用于加工。据沈阳农业大学统计，1980年全国草莓栽培面积约666公顷，总产量3000吨左右；1985年我国草莓栽培面积大约为0.33万公顷，总产量约2.5万吨，分布地点主要集中在少数几个地区；1995年我国草莓栽培面积约为3.67万公顷，总产量约37.5万吨。据中国园艺学会草莓分会统计，2007年全国草莓栽培总面积约8.0万公顷，总产量约150万吨，总面积和总产量跃居世界第一位，其中辽宁、山东、河北、江苏、安徽、四川、甘肃、浙江、上海、陕西、湖北等地栽培面积较大。从1985年到2015年的30年时间里，全国草莓栽培总面积和总产量有了很大增幅。据联合国粮农组织（FAO）统计，2018年中国草莓生产面积11.06万公顷，年产量296.4万吨，总面积和总产量居世界第一位，分别占全世界29.7%和35.4%。

我国地域辽阔，气候条件差异较大，加之生产力水平参差不齐，因此栽培形式多种多样，既不像日本以塑料大棚为绝对主体，也不像美国以露地栽培为绝对主体。20世纪80年代以前，我国的基本栽培形式为露地栽培。近30多年来，全国各地各种设施栽培形式迅速兴起，从简单的地膜覆盖、小拱棚、中拱棚、大拱棚，到竹木结构或钢筋结构的塑料大棚和日光温室。各种形式并存，代表了我国不同地域气候特点和生产力发展水平。在我国设施栽培形式中，南方地区以塑料大棚为主（图2-1），北方地区以日光温室及塑料大棚为主。四川省以塑料薄膜小拱棚（图2-2）为主要设施，成为小拱棚草莓生产基地；江苏、安徽、浙江、上海、山东、河南、湖北等地以塑料大棚为主要设施，成为塑料大棚草莓生产基地；辽宁、山东、河北、北京等北方地区以日光温室为主要设施，成为日光温室草莓生产基地。利用我国南北气候条件差异和多种栽培形式的搭配，拉开了鲜果上市时期，并使草莓鲜果供应期延长到8个月，而且利用成熟时期及价格上的差异远运外销，取得了较好的经济效益，例如辽宁东港生产的草莓主要销售到沈阳、大连、北京、哈尔滨等地，安徽长丰生产的草莓主要销售到北京、天津、沈阳等地。

图2-1 草莓简易塑料联栋大棚促成栽培　　图2-2 小拱棚栽培草莓

2018年，我国草莓设施栽培品种以'红颜''甜查理''章姬''幸香''达赛莱克特''全明星'等为主；北方露地栽培用于加工的品种以'哈尼'为主，南方以'甜查理'为主。我国草莓主栽品种构成见图2-3。

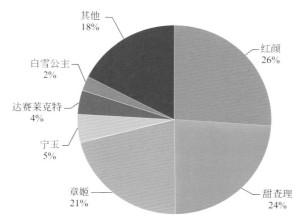

图2-3 中国草莓主栽品种构成（2018年）

近 20 年来，我国加工草莓较多出口到日本、欧洲和美国。2000~2018 年我国草莓年出口量为几千吨至十几万吨不等，主要出口省份包括山东、辽宁、河北、江苏等。主要用于加工出口的栽培品种为'哈尼''达塞莱克特''全明星'等。出口产品除速冻草莓外，还包括单冻草莓、加糖冷冻草莓等。从土地面积、劳动力成本等方面看，我国草莓出口仍有较大潜力。

（三）中国草莓生产存在问题

1. 病害和连作障碍严重

近年来，随着草莓栽培连作时间加长，草莓病害已经成为生产中的一个主要问题。在草莓温室、大棚生产及田间繁苗中，白粉病、炭疽病、灰霉病、线虫病等均较严重，种植较长时间地块连作障碍严重，生理性障碍发生普遍，加之病害基础研究薄弱，科技培训普及不够，莓农不能准确识别病虫，因此不能进行有效防控，造成植株生长减弱、死苗现象严重，产量下降，优质安全生产难度较大。

2. 育苗技术落后，种苗质量差

我国种苗产业化程度很低，大部分农户为了节约成本，长期自繁自育，同时脱毒苗的应用较少，苗木退化严重，产量不高、品质较差；也有很多农户从外地购买苗木，但却不能做到冷链运输，在运输过程中苗木往往受高温发热烧苗，严重影响质量。因此，需进行专业化育苗，建立完善育苗体系，保证优质苗木供应。

3. 自然灾害时有发生

近些年来，自然灾害频发。长江、黄河流域曾遭遇雪灾，造成花果冻害，并压塌棚室设施，让莓农措手不及，损失严重；育苗季节高温多雨，大水淹没育苗圃地，造成严重涝害，或病害严重造成死苗严重、繁苗困难；中部地区的塑料大棚为了保温多采用双层、三层膜覆盖，造成寡照，加重了灰霉病等病害的发生，并严重影响了品质。

（四）中国草莓生产发展趋势

1. 稳定面积，提高质量

近年来，我国草莓生产面积已经度过了迅猛发展时期正逐步趋于稳定。目前的趋势是不盲目扩大面积，而是努力提高栽培技术和管理水平，提高产品质量和单位面积产量。由于草莓栽培管理及采收等环节上的机械化程度较低，绝大部分田间作业靠人工操作，劳动强度大，劳动力成本高，栽培面积不应再大幅度增加。因此，在我国一些已发展较大规模的产区，今后应将重点放在提高质量和单产上，并积极发展多种适宜当地的栽培形式，这样既可拉开鲜果上市时期，又能提高经济效益。日本近20年来栽培面积呈逐年下降趋势，但年产量一直较稳定，主要是通过不断研发新品种新技术和加强栽培管理来达到的。

2. 加快品种更新和新品种选育步伐

目前我国生产上应用的主要草莓品种来自日本和欧美，现在草莓品种更新换代速度很快。日本品种品质较优，但往往抗病性、耐运性较差，欧美品种通常抗病性、耐运性较强，但品质较差。因此选育出适合我国各地气候条件的草莓新品种非常重要，我国当前的主要育种目标是选育早熟、优质、抗病的设施栽培品种。在我国大部分种植区，日光温室和塑料大棚栽培中白粉病、灰霉病、炭疽病等十分严重，因此抗病育种是当前的一个重要研究课题，抗病品种也是果品安全生产的重要保证之一。培育优良的四季品种也是一个重要育种目标，它在满足周年供应上起重要作用。此外，充分利用我国丰富而特有的野生草莓资源进行远缘杂交培育新品种有望取得较大进展。

3. 发展观光采摘，开发省力低耗栽培措施

草莓采收期长，而且其成熟期正值元旦、春节前后的黄金时期，也是其他大宗水果空档期，因此，草莓是最适于观光采摘的水果。近些年来，我国各地草莓观光采摘发展迅速，出现了很多观光

自采草莓园，取得了很好的经济效益。同时，由于种植草莓劳动强度大，田间管理及采收任务繁重，人工费也越来越高，因此应开发省力低耗栽培措施。我国北方日光温室栽培中安装的卷帘机、放风机、滴灌设备、除雪加温设备等，可以大大减轻劳动强度。目前日本已开发的省力措施有高架立体栽培、肥水自动化设备、温湿度自动控制系统、棚式育苗、空中采苗等，这些也是我国正在研发的一些技术措施。

有机草莓栽培实用技术

第三章

草莓的生物学特性

第一节　草莓的形态特征

草莓是矮小的多年生常绿草本植物，一般株高 5～40cm，植株呈丛状生长，具很短的茎，其上轮生叶片，成簇状，由于茎很短、叶柄长，叶片就像从根部长出一样。叶片羽状复叶，常为羽状三小叶，小叶柄很短或无，但某些野生草莓种类如五叶草莓（*F. penta-phylla* Lozinsk.）、西南草莓［*F. moupinensis*（Franch）Card.］常为羽状五小叶。托叶膜质，与叶柄基部合生，鞘状。由叶腋抽生的细长匍匐茎是草莓的繁殖器官，节处可形成不定根并萌发芽从而形成新的植株。花序常为聚伞花序，栽培品种通常为两性花，野生草莓中的四倍体种类、六倍体种类、八倍体种类和十倍体种类常为雌雄异株、单性花。花瓣白色，雄蕊通常 20～40 枚，雌蕊多数着生于花托上，每一雌蕊由一花柱和一子房组成。萼片、副萼片各 5 枚，果期宿存。草莓果实由花托膨大发育而来，植物学上称为假果，由于果实肉软多汁，园艺学上称之为浆果，其上嵌生很多瘦果（俗称种子），称为聚合果（图 3-1）。

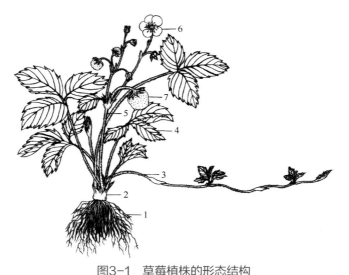

图3-1 草莓植株的形态结构

1—根；2—短缩茎；3—匍匐茎；4—叶；5—花序；6—花；7—果实

一、根

草莓为须根系，一般 1 株草莓常有 20～50 条根。草莓根在土壤中分布较浅，多分布在地表下 20cm 以上的土层内，少数可深达40cm。土壤疏松、肥力充足时根系发达，须根多、根系长，其中白色吸收根多或有较多的浅黄色根。在地温 20℃时最适合根系生长，10℃以下生长缓慢，1℃以下几乎不生长。因此草莓根系的生长一年中有两次高峰，春天当土温上升到 20℃时，根系生长达到第一次高峰，此时正值花序显露期。结果后于夏季高温期间，根系生长发育减缓，并变褐逐渐死亡。到 9 月中下旬土温下降，根系生长形成第二次高峰。一年中，早春根系比地上部开始生长约早10d。除温度外，土壤水分、通气、质地、酸碱度对草莓根系的生长发育也有较大影响。根据地上部的生长状态可以判断根系的生长状况。凡地上部分生长发育良好、早晨叶缘具有水滴的植株（吐水现象），其根系生长发育良好，在露地和保护地中均有此现象，平时注意观察，可以判断根系的生长情况和土壤水分情况。凡根系发育不良、干旱、白色新根少的植株，则早晨叶片吐水现象少，在早春萌动后至开花期只能展开 3～4 个叶片，叶柄短，叶片小。

二、茎

草莓的茎分两种，即短缩茎和匍匐茎。

（一）短缩茎

草莓当年萌发的短缩茎，叫新茎，一般长仅为 0.5～2.0cm，很短，几乎看不见。新茎上着生叶片，叶片的叶腋处有腋芽，腋芽可抽生新茎分枝或匍匐茎。新茎分枝数目因品种而异，少的 3～9 个，多的可达 20～30 个，如'明晶''明磊'等品种的新茎数较少，而'Tristar''Tenira'等品种的新茎数较多。同一品种随年龄的增长新茎数逐渐增多。在沈阳地区露地栽培时，新茎分枝大量发生时期是在 8～9 月份，到 10 月份基本停止。日光温室栽培时，新茎分枝较多，根据长势和栽植密度，要去掉多余的、只保留适当的新茎数目，每株保留 3～5 个，俗称"掰芽"。

草莓多年生的短缩茎，叫根状茎，其下部叶片枯死脱落，叶片着生部位逐渐上移，茎变长、颜色变褐，外形似根，俗称"老根子"。根状茎上也可发生不定根，但一般第三年以后发新根减少。随年龄增长，根状茎逐年衰老变褐，根状茎越老，地上部的生长越差。因此，通常情况下，不能用这种"老根子苗"作母株去繁苗，否则繁殖的子株质量差，而且繁苗系数也很低。在实行多年一栽制时，除了割叶施肥外，还要注意培土、浇水等工作，以促发较多的不定根。露地栽培中一般不提倡 3 年以上的多年一栽，原因之一就是根状茎上根系少、生长不良，造成产量大幅度下降。

（二）匍匐茎

由新茎叶腋间的芽萌发出来沿地面匍匐生长的茎叫匍匐茎，是草莓的繁殖器官。生产上繁苗就是靠这种茎，繁出的苗叫匍匐茎苗。匍匐茎的发生始于坐果期，结果后期大量发生。沈阳地区一般在 6 月上旬开始抽生，10 月上旬随着低温和短日照的来临，则逐渐停发。温室或大棚设施栽培时，匍匐茎发生较早，一般在初果期大量发生，由于采收期长，随后的整个采收期都会不断有匍匐茎发生，故需人工不断摘除匍匐茎，以集中营养供果实发育之需。

匍匐茎抽生能力与品种、昼长、温度、低温时数、肥水条件、栽培形式等有关。有的品种如'长虹 1 号''3 公主''三星'等匍匐茎抽生能力弱；有的品种如'甜查理''宁玉''哈尼'等匍匐茎抽生能力强，繁殖系数高。一般品种一株能繁殖 30～50 株匍匐茎苗，肥水条件好、空间大时能繁殖出几百株，但一般情况下每株能繁殖出生产用苗约 20～30 株。

三、叶

草莓的叶着生于新茎上，因为新茎节间很短，所以看起来好像叶片是从根部直接长出来的。草莓的叶片一般为 3 片小叶，偶尔在田间也能看到不规则分裂成 4 片或 5 片小叶的。叶片的形状、大小、颜色、质地等因品种、物候期和立地条件而明显不同。如'森加森加拉'叶片呈深绿色，'弗杰尼亚'叶片则呈黄绿色；'哈尼'的叶片较长，'丰香'叶片则较圆；'戈雷拉'的叶片革质粗糙，'春香'叶片则柔软细腻等。同时，根据叶片的状况可以判断草莓是否发育良好。如叶色浓绿、有光泽、叶柄粗是健壮的表现，反之若叶柄细长、叶色淡、叶片薄则为徒长现象，可能由光照不足、氮肥过多、湿度过大或温度高造成。

草莓叶片有 3 个功能，即光合作用、蒸腾作用和呼吸作用。植株从中心向外数第 3～5 片叶为功能叶，光合作用最强，所以要注意保护新叶。新叶形成 30d 左右叶面积最大、叶最厚、叶绿素含量最高，同化能力最强。老叶不断死亡，生产上要经常去老叶，因为老叶光合作用弱，入不敷出，同时还存在抑制花芽分化的物质。叶边缘的吐水现象只在早晨才能看到，它是夜晚植株大量吸水的结果。温室、大棚内也可见叶缘吐水现象，当土壤湿度较大、根系活跃旺盛、植株生长发育良好时，吐水现象发生得多。

草莓地上部在 5℃时即开始生长，每株草莓一年可发 20～30 个叶片，20℃条件下，每 8～10 d 发 1 片新叶。叶片寿命与温度、光照等环境条件有关，一般为 80～130 d。秋季长出的叶片适当保护越冬其寿命可延长到 200～250d，直到春季发出新叶后才逐渐枯死。越冬绿叶的数量对露地草莓产量有明显的影响，保护绿叶越冬是提高翌年产量的重要措施之一。

四、花

草莓绝大多数栽培品种的花为具有雌蕊和雄蕊的完全花，一般由花托、花萼、花瓣、雄蕊、雌蕊等几部分组成，我们食用的部分是由花托膨大形成的肉质浆果。一般 1 朵完全花花瓣为 5 枚，但有时也可见第 1 级序花的花瓣数常 6～8 枚，一般花瓣数多的花大，果也大。雄蕊数目不定，通常 30～40 枚，雌蕊离生，着生于花托上，数目大约 200～400 个，每个雌蕊在授粉后形成 1 粒种子（其实为 1 个瘦果）。目前生产上的品种均为完全花品种，完全花品种可以自花结实。因此，温室或大棚栽植一个品种就可以正常结果，而不必像栽种苹果那样需要配置授粉品种。草莓的花是虫媒花，既可进行自花授粉，又能进行异花授粉。异花授粉能提高坐果率，从而提高产量。所以在露地及保护地栽培时，宜栽 2～3 个品种，以利授粉。但考虑到一般品种能自花授粉，栽几个品种时由于物候期不一致不便管理，且通过放养蜜蜂可以解决棚内单一品种的授粉与坐果问题，所以目前生产上一栋温室或大棚中只栽种一个品种即可。

草莓为聚伞花序，通常为二歧聚伞花序和多歧聚伞花序。一般每株可抽生 1～4 个花序，1 个花序上常着生 10～20 朵花。第 4 级序或第 5 级序开的花不结果或结果太小，而成为无效花。不同品种无效花比例不同，如'哈尼''明晶''明磊'等品种的无效花少，而'三星''鬼怒甘''特里拉'等品种的无效花较多。对无效花多的品种应注意疏花疏果，可以节省养分，促进留下果实的增大发育，提高商品价值。每株留多少果由多方面的因素决定，如品种、植株健壮程度、单株花序数、土壤肥力、栽植密度等等。一般小于5g即为无效果，花序上后期的第4、5级序的花均属此限，可以疏除。疏花疏果应尽早进行，疏果不如疏花，所以要尽早疏除。

草莓的花在平均气温达10℃以上时就能开放，一般花期遇0℃以下低温时雌蕊受冻、变黑、丧失受精能力，严重时，花药也受冻变黑，花粉受害，生活力大大降低。高于35℃时花粉发育不良，花粉受精以25～30℃为宜，从生产实际上看温度在20～35℃范围花粉都可以正常受精。一般温度较高时空气较干燥，花粉易传播受精，所以开花期大棚内温度25～30℃、湿度60%（不要超过80%）为宜。开花期大棚内温度绝对不能超过45℃。大棚栽培时，在低温条件下开的花其花瓣不能充分翻转，半包着，花瓣略微变红，雄蕊开药不良，花粉量少，不能正常授粉受精，不能结果或果实畸形。低温和高温危害，尤其是低温危害常常在温室或大棚生产中出现。露地栽培时个别品种或有些植株在秋末天气较暖时也可见到开此状态的花，或者虽开花正常，但很快因低温而使雌蕊受冻变黑。这种低温条件下开的花不能受精，也坐不住果。露地栽培时若遇晚霜危害，也常常造成已开放的花朵首先雌蕊受冻变黑，严重时雄蕊受冻、花朵干枯死亡的现象。

五、果实和种子

草莓的食用部分是由花托膨大形成柔软多汁的浆果，俗称"果实"，但不是真正的果实。其真正的果实是镶嵌在浆果表面像芝麻粒一样的瘦果，俗称为"种子"。

果实（指膨大的花托，下同）的形状、颜色、大小等因品种而异，也受栽培条件的影响。果实成熟时一般为红色，果肉的颜色为红色、橙红色和近白色。主要形状有圆锥形、球形、楔形等。果实大小 3～60g 不等，一般为 15～50g，最大可达 120 g 以上。从第 1 级序到第 5 级序果实依次减小，一般第 4 级序以上的果为无效果，没有商品价值。从品种上看，'明晶''全明星''哈尼'等属于大果型品种，'宝交早生''春香'等属于中果型品种，而'三星''威斯塔尔'等属于小果型品种。一般大果型品种果大但果个数较少，小果型品种果小但果个数较多。浆果上分布有种子（瘦果，下同），种子对浆果的膨大发育起重要作用，果实的膨大必须依靠种子的存在，去掉种子或局部去除种子则浆果不能膨大或畸形。草莓果实（花托）的质量与种子（瘦果）数目成正比，果实越大，种子数目越多。种子着生的深度有与果面平、凹、凸 3 种。一般平于果面的品种较耐贮运，如'全明星''哈尼'等，而凹于果面的品种耐贮运性较差，如'女峰''丰香'等。大棚草莓中产生畸形果的原因大致有以下几种：①低温危害；②花期农药危害；③光照不足；④湿度过大；⑤病害严重；⑥品种问题。

草莓从开花到果实成熟一般需 30～40d，受温度影响很大，温度高需要天数少，温度低则需要天数多。露地条件下，北方果实成熟期一般为 5 月中旬至 6 月上中旬。深圳等地露地栽培草莓则 1 月份即可采收。由于草莓花期长，果实采收期也长，露地栽培长达 20～30d，温室保护地栽培则可达 6 个月。

第二节　草莓的物候期

了解物候期和生长发育规律是栽培草莓的基础。

一、萌芽期

当早春气温达到 5℃、10cm 土层的温度稳定在 1～2℃时，草莓根系即开始活动，根系生长比地上部早 7～10d。开始生长时，是以去年秋季长出的未老化的根继续延长生长为主，以后随土温升高，才有新根的发生。地上部越冬的叶片首先开始进行光合作用，随后新叶陆续出现，老叶相继枯死。

二、现蕾期

萌芽生长 1 个月后出现花蕾，当新茎长出 3 片叶、第 4 片叶尚未伸出时，花序就在第 4 片叶的托叶鞘内露出，随后花序逐渐伸长，直至整个花序伸出。此时随着气温升高和新叶相继发生，叶片光合作用加强，根系生长达到第一个高峰。当肉眼可见花序上花蕾露出，就到达现蕾期。

三、开花结果期

从现蕾到第 1 朵花开放需 15d 左右。辽宁东港地区露地草莓的开花期为 4 月末至 5 月上中旬，花期持续时间约为 20d。在同一个花序上，有时第 1 级序的果已经成熟，而最末级序的花还在开放。因此，草莓的开花期与结果期很难截然分开。从开花到果实成熟大体上需 1 个月，由于花期长，果实采收期也相应较长，约 25d。

四、旺盛生长期

在开花结果期，开始有少量匍匐茎发生，果实采收后，在长日照和高温的条件下，腋芽开始大量抽生匍匐茎，是匍匐茎苗生长高峰期。随后腋芽还分化出新茎，新茎基部相继生长出新的根系。

五、花芽分化期

草莓经过旺盛生长期后，在较低的温度（气温在 17～20℃ 以下）及短日照（12h 以下）的条件下开始花芽分化。低温和短日照是花芽形成最重要的条件，温度低于 9℃ 时，花芽分化和日照长短关系不大，短日照条件下，17～24℃ 的温度也能进行花芽分化，而在 30℃ 以上，花芽分化停止，但温度过低，降到 5℃ 以下时，花芽分化也停止。在夏季高温和长日照的条件下，只有四季草莓才能进行花芽分化。草莓大多数品种在日平均温度降至 20℃ 以下、日照时长短于 12h 的条件诱导下开始花芽分化。在自然条件下，我国草莓一般在 9 月底至 10 月初开始花芽分化。北方与中部地区草莓多在 9 月中旬开始花芽分化，而南方地区草莓在 10 月上旬前后开始分化。

草莓花芽和叶芽起源于同一分生组织，当外界的温度、光照等环境条件适宜花芽分化时，分生组织向花芽方向转化而形成花芽。草莓花芽分化时期因品种、当地的气候条件、植株营养状况而异。早熟品种开始和停止花芽分化均早于晚熟品种。同一品种在北方高纬度地区因秋季低温来临和日照变短早，花芽分化开始期也早，在南方低纬度地区花芽分化则晚。同纬度地区海拔高的地方花芽分化早。同一品种，氮素过多、生长过旺、叶数过多或过少等都延迟花芽分化期。

低温和短日照诱导草莓花芽分化，高温和长日照则促进草莓花芽的发育。秋季低温和短日照有利于花芽分化，入冬前形成较多的花芽；翌年春气温上升，日照变长，促进花芽发育。在花芽分化后植株长势弱、缺乏营养则花芽发育不好，开花期延迟，适当地促进营养生长则对草莓花芽发育有利。花芽分化后应促进植株营养生长，及早追施适量肥料，对草莓开花结果影响较大，可增加花果数和产量。

六、休眠期

当晚秋到来时，随着日照变短、气温下降，草莓进入休眠期，表现为植株矮化、新叶叶柄短、叶片小、叶片角度开张、不再发生匍匐茎。当叶柄最短时，也就是休眠最深的时期。当叶柄逐渐伸长、恢复生长时，休眠期结束。草莓的休眠是为避开冬季低温伤害而形成的一种自我保护性反应。

影响草莓休眠的主要因子是短日照、低温等外界条件，以及品种、激素、营养状况等内部因素。日照长短比温度对草莓的休眠影响更大，休眠主要由秋季的短日照引起。在21℃、短日照条件下，草莓植株开始休眠，而在15℃、长日照条件下却难以进入休眠。引起休眠可能与植株体内内源激素水平有关，进入休眠后赤霉素等生长促进类物质减少，脱落酸等生长抑制类物质增多。

通过休眠所需要的一定时间、一定程度的低温称为低温需求量。不同品种的低温需求量不同。常见品种休眠度由深至浅的顺序是'盛冈16号'＞'达娜'＞'宝交早生'＞'丽红'≥'丰香'。打破休眠所需5℃以下低温的时间是：'丰香'20～50h，'八千代'200～300h，'宝交早生'400～500h，'达娜'500～700h。需求量少的品种适于促成栽培，如'章姬''丰香'，中间类型或低温需求量多的品种则适宜半促成栽培（如'宝交早生'）或露地栽培（如'哈尼'）。在适宜环境或保护下，草莓休眠期叶片不脱落，能保持绿叶越冬。在北方产区冬季若不注意覆盖保护，叶片就会因低温干旱而枯死。

第三节　草莓对环境条件的要求

环境条件主要包括温度、光照、水分、土壤、养分等，它们对草莓的生长发育有重要影响。

一、温度

一般土温达到2℃时，草莓根系即开始活动，在10℃时地上部分生长活跃，形成新根。根系生长最适温度为15～20℃，冬季土温降到-10℃时根系即发生冻害。草莓的生物学零度为5℃，草莓品种通过休眠需冷时数即是以低于5℃以下的时间计算的。当春季气温达5℃时，植株开始萌芽生长，此时草莓抗寒力下降，若遇寒潮低温则易受冻。沈阳地区个别年份易出现晚霜，因此，在萌动至开花期要注意预防晚霜危害。草莓地上部分生长最适温度是20～26℃。开花期的适温为26～30℃。开花期低于6℃或高于40℃都会阻碍授粉受精的进行，导致畸形果。花芽分化在低温条件下进行，以10～17℃为宜，低于5℃则花芽分化停止。育苗期温度20～25℃时匍匐茎抽生快而多，低于15℃和超过28℃时匍匐茎抽生慢且数量少，喜温或耐温程度品种间有差异。

草莓抗寒性强，在冬季采用覆草防寒措施下，即使在最低温达-40℃的地区也可栽培。但草莓怕热，不耐高温，当温度超过30℃时其生长即受到抑制，因此在南方栽培时主要问题是越夏困难，不易繁苗。同样，保护地栽培时温度超过40℃也会造成叶片灼伤等。

二、光照

光对草莓生长发育的影响表现在两个方面，一是光照长度，二是光照强度。光照长度影响草莓植株生长、休眠等主要生理活动，花芽和匍匐茎是同源器官，芽原基在不同条件下向不同的方向分化也主要受光照长短的影响。花芽分化需在低温（10～17℃）、短日照（8～12h）下才能进行，沈阳地区约在9～10月进行花芽分化。而匍匐茎则需要在较高温度、长日照（>12 h）条件下才能发生，沈阳地区约在5月下旬～6月上旬开始抽生。

草莓植株喜光，同时也稍耐阴，因此可与幼龄果树进行间作。光照强，则生长健壮、叶色深、花芽发育好、产量高；光照弱，则植株长势弱、叶柄细、叶色淡、花小品质差、产量低，甚至不结果。在多层立体栽培时，由于下层光照不足，常常很少结果或者果实小、畸形。

三、水分

草莓既不抗旱也不耐涝，根系多分布在地表下 20cm 以内的土层中。草莓一生需水量大，日本有句俗语叫"草莓靠水收"，所以草莓栽培必须选择旱能浇、涝能排的地块。草莓不同生长发育期对水分的要求不同，一般花芽分化期田间含水量约 60% 为宜，开花期 70%，果实膨大及成熟期为 80% 左右，否则果个小。沈阳地区 9～10 月份是草莓植株积累营养进行花芽分化的时期，要避免浇水过多。栽培草莓要保持较大的土壤湿度，但并不是越大越好，要适度，因为土壤水分过多会导致果实及根部得病。雨季要注意排水，沈阳地区 6 月中下旬～8 月份降雨量比较集中，露地栽培及繁苗地块要及时排水。

草莓不仅对土壤湿度有要求，对空气湿度也有要求。在设施栽培时，开花期湿度过大会影响授粉受精，容易产生畸形果。一般要求空气相对湿度约 60% 为宜，开花期不要超过 80%，可以通过放风调节温度、湿度。设施栽培中安装滴灌设备可以明显降低空气湿度而增加土壤湿度并提高地温，对草莓授粉受精、生长发育十分有利。在定植时还要用喷壶往叶片上浇水，避免叶片失水干枯，以利尽快缓苗。设施栽培中可以吊放温度计和湿度计，以便观察温湿度。

四、土壤

草莓对土壤的适应性较强，一般在各种土壤中均能生长，但要获得高产，良好的土壤是必备的条件。草莓高产地应是土壤肥沃、疏松、透水透气性强的微酸性土壤（pH 6.0～6.5），要求旱能灌溉、涝能排水。地下水位不高于 1m，在沼泽地、盐碱地、重黏性土壤上栽草莓一般生长不良，产量低。我国许多地方为碱性地（pH 7.0以上），常出现叶片黄化，可以通过土壤培肥和添加改良物后栽植。有机植物生产中允许使用的土壤培肥和改良物质见表 1-1。

有机草莓栽培实用技术

五、养分

草莓对氮、磷、钾的需求比较均衡，正常生长发育约是 1：1.2：1 的吸收总量。在大田常规施肥条件下，草莓从定植到收获对各营养元素的最大吸收量顺序为氮＞钾＞钙＞镁＞磷。草莓对微量元素比较敏感，尤其是铁、镁、硼、锌、锰、铜等缺少时都会产生相应的生理障碍，影响正常生长发育。某种营养元素施用过量，轻则植株生长迟缓，重则出现肥害。其中氮肥过多时，植株徒长，抗逆性下降，营养生长与生殖生长失衡，花芽分化时间推迟且分化不充分。在花果期氮肥偏多时果实畸形，裂果增加，果面着色晚，含糖量下降，硬度变软，商品价值与货架寿命受到影响。

草莓一生中对钾和氮的吸收能力很强。在采收旺期对钾的吸收量要超过对氮的吸收量。对磷的吸收在整个生长过程中均较弱。磷的作用是促进根系发育，从而提高草莓产量。磷过量会降低草莓的光泽度。在提高草莓品质方面，追施钾肥和氮肥比追施磷肥效果好。因此追肥应以氮、钾肥为主，磷肥应作基肥施用。

有机草莓生产过程中所使用的肥料为有机肥料，有机肥料使用前必须充分腐熟和发酵，施用腐熟有机肥与施用未腐熟有机肥相比有以下好处：一是肥效快、肥效高；二是避免烧根；三是减轻了土壤中病虫的发生和危害；四是有利于土壤中有益微生物的繁殖和增加，提高土壤养分利用率；五是减少了对土壤的危害，净化了环境；六是有利于加快土壤团粒结构的形成。叶面肥的种类包括植物氨基酸叶面肥、腐植酸类叶面肥、有机生物液肥、硅酸肥料和植物母体营养液等。

有机草莓生产土壤管理技术是建立在物质循环基础上的。在不破坏土壤结构的前提条件下，疏松改良土壤，增加土壤有机质含量，创造正常的物质循环系统和生物生态系统，保证草莓健康生长发育，提高产量与品质，有机农业的土壤营养与常规农业土壤营养的差异见表3-1。

表3-1　有机农业的土壤营养与常规农业土壤营养的差异

类型	有机农业	常规农业
需要肥料的类型	有机肥	可溶性肥料（化肥）
肥料特点	速溶性成分浓度低	浓度高
肥料的接受者	土壤	植物
植物根系	十分发达	无需发达的根系
根系的功能	扎根能力强，主动寻找营养	扎根能力弱，无需主动寻找
土壤微生物	微生物是植物养分来源的主体	无需太多
土壤活性	高	无关紧要
土壤有机质	微生物生活的寄主	无关紧要
土壤肥力的维持	肥料、植物、寄主微生物	外部大量高浓度速效肥

第四章

草莓的种类与优良栽培品种

第一节　草莓属植物的种类

草莓为蔷薇科（Rosaceae）草莓属多年生草本植物，在园艺上属于浆果类果树。现在认为草莓属植物约有 25 个种（见表 4-1）。草莓属植物分布广泛，绝大多数种类分布在亚洲、欧洲和美洲。中国是世界上草莓野生种类资源最丰富的国家，全世界草莓属约 25 个种中，我国自然分布 14 个种，包括 9 个二倍体种：森林草莓、黄毛草莓、五叶草莓、西藏草莓、中国草莓、台湾草莓、绿色草莓、裂萼草莓、东北草莓；5 个四倍体种：东方草莓、西南草莓、伞房草莓、纤细草莓、高原草莓。此外，近年来还发现我国东北分布有自然五倍体野生草莓。截止到 2019 年，沈阳农业大学从全世界收集了野生草莓 23 个种 680 份资源，其中包括原产于中国的野生草莓 14 个种、3 个变种、610 份资源，并对全世界草莓属植物的分类进行了较深入的研究。

表4-1　世界草莓属（*Fragaria*）植物的种类与分布

倍性	种类	世界分布	中国分布
二倍体 （2*n*=2*x*=14）	两季草莓 （*F.×bifera* Duch.）	欧洲	
	布哈拉草莓 （*F. bucharica* Losinsk.）	喜马拉雅山西部	
	中国草莓 （*F. chinensis* Losinsk.）	中国西中部	青海、甘肃、四川、湖北、云南
	裂萼草莓 （*F. daltoniana* J. Gay）	喜马拉雅山	西藏、云南
	台湾草莓 （*F. hayatai* Staudt）	中国台湾	台湾
	饭沼草莓 （*F. iinumae* Makino）	日本	
	东北草莓 （*F. mandschurica* Staudt）	中国东北部	吉林、黑龙江、内蒙古、辽宁
	黄毛草莓 （*F. nilgerrensis* Schlecht.）	亚洲西南部	云南、四川、贵州、西藏、陕西、湖南、湖北
	日本草莓 （*F. nipponica* Makino）	日本	
	西藏草莓 （*F. nubicola* Lindl.）	喜马拉雅山	西藏
	五叶草莓 （*F. pentaphylla* Losinsk.）	中国西北部	四川、陕西、甘肃
	森林草莓（*F. vesca* L.）	欧洲、亚洲北部、北美	新疆、吉林、黑龙江
	绿色草莓（*F. viridis* Duch.）	欧洲、东亚	新疆
四倍体 （2*n*=4*x*=28）	伞房草莓 （*F. corymbosa* Losinsk.）	中国华北及中西部	山西、河北、河南、陕西、甘肃、四川
	纤细草莓 （*F. gracilis* A. Los.）	中国西部	青海、四川、西藏
	西南草莓［*F. moupinensis*（Franch.）Card.］	中国西南部	西藏、云南、贵州、四川
	东方草莓 （*F. orientalis* Losinsk.）	中国、俄罗斯远东	吉林、黑龙江

倍性	种类	世界分布	中国分布
四倍体 （2n=4x=28）	高原草莓（F. tibetica Staudt et Dickoré）	中国西部	西藏
五倍体 （2n=5x=35）	布氏草莓 （F.×bringhurstii Staudt）	美国	
六倍体 （2n=6x=42）	麝香草莓 （F. moschata Duch.）	欧洲	
八倍体 （2n=8x=56）	凤梨草莓 （F.×ananassa Duch.）	世界各国均引种栽培	中国各地均有栽培
	智利草莓［F. chiloensis （L.）Duch.］	南美、北美、太平洋沿岸	
	弗州草莓 （F. virginiana Duch.）	北美中东部	
十倍体 （2n=10x=70）	喀斯喀特草莓 （F. cascadensis Hummer）	美国俄勒冈州	
	择捉草莓 （F. iturupensis Staudt）	太平洋西北部的千岛群岛	

第二节　草莓优良栽培品种

　　草莓栽培形式大体上可分为露地栽培和设施栽培两种，其中设施栽培形式主要包括中小拱棚、塑料大棚和日光温室。不同的草莓品种适于不同的栽培形式，差别很大。比如，某些欧美品种低温需求量大、休眠深，不适于温室设施条件下的促成早熟栽培，否则会造成休眠不易打破，植株开花结果时植株矮小、果小、产量低等；而一些日本品种低温需求量少、休眠浅，不适于露地栽培，否则会造成产量低、病害重、不耐贮运等。我国地域辽阔，气候条件差异大，且各地生产水平参差不齐，草莓栽培形式多种多样，要选择适宜的品种。

露地栽培草莓植株定植后经过秋季形成花芽，冬季自然休眠，第二年春暖长日照下开花，初夏结果。在同样露地条件下，草莓是一年中结果最早的果树种类。露地草莓栽培宜选用休眠深、大果、高产、抗病、耐贮运的品种，还应考虑鲜食或加工等不同用途，鲜食品种要求品质优良、果实整齐、外形美观、耐贮运，加工品种要求果实深红色、耐贮运。目前我国北方地区的露地草莓基本用于加工，而南方地区如广东、云南、福建、广西等地的露地草莓多用于鲜食。生产上露地栽培品种多从欧美引入，日本品种很少用于露地生产。我国露地生产上应用的草莓品种主要有'甜查理''法兰地''哈尼''全明星''森加森加拉''戈雷拉''玛丽亚'（'卡尔特1号'）、'达塞莱克特''宝交早生'等。我国自育的品种也有少量应用，如'星都2号''硕丰'等。

小拱棚栽培品种选择与露地栽培品种选择相似。宜选用植株生长旺盛、果实在低温下着色好、果形大、耐贮运、抗病性强的品种，如'甜查理''达塞莱克特'、'玛丽亚'（'卡尔特1号'）、'埃尔桑塔''哈尼'、'全明星''法兰地''宝交早生''丰香'等。

塑料大棚栽培品种选择。可以进行半促成或促成栽培，通常选用生长势强、抗白粉病、品质优、耐贮运、果形大、果色艳丽的品种，如'红颜''甜查理''章姬''幸香''佐贺清香''栃乙女''丰香''全明星''哈尼''玛丽亚'（'卡尔特1号'）、'达塞莱克特''宝交早生'等。

日光温室栽培品种选择。与塑料大棚促成栽培相似，要求果大、品质优、抗白粉病、丰产、耐贮运、休眠浅的品种，一般需冷量在0～200h，如'红颜''甜查理''丰香''章姬''幸香''佐贺清香'等品种。

一、日本品种

我国草莓生产上的品种主要由欧美和日本引入。到目前为止，我国引入的草莓品种有300多个。日本品种多休眠浅而适宜反季节保护地栽培，耐高温，果实色泽艳丽，甜度大，糖酸比高，口味香甜，适合亚洲人口味，但抗病力较差，硬度较软，耐贮运性差。从日本引入并在生产上应用较多的品种有'红颜''章姬''丰香''明宝''鬼怒甘''宝交早生''幸香''栃乙女''佐贺清香'等，这些品种是我国草莓生产上现在或先期的主栽品种。

（一）红颜（Beinihoppe）（图4-1）

别名：红颊、日本99号、99号、九九。日本静冈农业试验场1999年以'章姬'×'幸香'育成。1998年引入浙江杭州，1999年引入辽宁丹东。目前在浙江、辽宁、河北、江苏、北京等地有大量栽培，已成为我国栽培面积最大的主栽品种之一。果实大，圆锥形。果色鲜红，着色一致，富有光泽，果心淡红色。可溶性固形物含量11%～12%，一级序果平均单果重32.6g，总体平均单果重18.65g。口感好、肉质脆、香味浓。果实硬度适中，较耐贮运。耐低温能力强，在低温条件下连续结果性好。保护地促成栽培一般每亩产量可达2000kg以上。株形直立、长势旺。叶色浓绿，较厚。不抗白粉病，在我国南方栽培时炭疽病较重，繁苗较困难。

（二）章姬（Akihime）（图4-2）

日本农民育种者获原章弘1990年以'久能早生'×'女峰'育成。1997年引入我国，目前在长江流域、辽宁、河北、山东、北京等地有较大面积栽培。果实大，长圆锥形。果面鲜红色、有光泽、平整、无棱沟。果肉淡红色，髓心中等大、心空、白色至橙红色。果肉细软，香甜适中，汁液多，品质极优。但果实软、耐贮运性差。每亩产量1500～2500kg。不抗白粉病。植株长势旺盛，株态直立。特早熟品种，果实外观美、品质优。

（三）幸香（Sachinoka）（图4-3）

日本农林水产省野菜茶叶试验场久留米支场1996年由'丰香'×'爱莓'育成，1999年由沈阳农业大学引入我国。目前是

图4-1　草莓品种'红颜'

图4-2　草莓品种'章姬'

辽宁省日光温室的主栽品种之一，在庄河市有大面积种植。果实大，圆锥形，果形整齐。果面深红色，光泽强。果肉浅红色，肉质细，甜、微酸，有香气，香甜适口，汁液多。耐贮运性优于'丰香'。日光温室每亩产量可达2000kg以上。不抗白粉病。植株长势中等，较直立，叶片小，明显小于'丰香'。早中熟品种，适于半促成和促成栽培。

（四）栃乙女（Tochiotome）（图4-4）

别名：栃木少女、栃乙姬。1996年由'久留米49号'×'栃峰'育成。目前是日本的主栽品种之一。1999年由沈阳农业大学从日

图4-3　草莓品种'幸香'

图4-4　草莓品种'栃乙女'

本引入我国，引入后在我国南北有一定面积栽培。果实大，圆锥形。果面鲜红色、光泽强、平整。果肉淡红色，髓心小、稍空、红色。果肉细，味浓甜微酸，汁液较多。品质优，耐贮运性较强。日光温室每亩产量可达 2000kg。果实较硬。抗病性中等，抗白粉病优于'幸香'。植株长势较强，株态较直立。叶深绿色，厚，叶面平展。早熟品种，适于促成栽培。

（五）佐贺清香（Sagahonoka）

别名：佐贺 2 号。由日本佐贺县农业试验研究中心于 1991 年由'大锦'בˈ丰香'育成。目前在辽宁、山东、长江流域有一定栽培面积。果实大，圆锥形。果面颜色鲜红色，富光泽，美观漂亮，畸形果和沟棱果少，外观品质极优，明显优于'丰香'。温室栽培连续结果能力强，采收时间集中。果实甜酸适口，香味较浓，品质优。果实硬度大于'丰香'，耐贮运性强，货架寿命长。易感白粉病。适于温室栽培。植株长势及叶片形态与'丰香'品种有些相似，其综合性状优于'丰香'，是取代主栽品种'丰香'的优良品种之一。

（六）丰香（Toyonoka）

日本农林水产省野菜茶叶试验场久留米支场 1983 年以'卑弥乎'בˈ春香'育成。1985 年引入我国。我国南方和北方均有栽培，目前仍是我国浙江、江苏、上海、安徽、四川、河北、湖北、河南等地的主栽品种。果实较大，圆锥形。果面浅红色，棱沟较多。果肉白色，髓心中等大、白色、心实或稍空。果肉细，浓甜微酸，香气浓，汁液多。休眠浅，需低温量约为 50 h。花芽开始分化期早，适合于设施条件下的促成栽培，每亩产量可达 1500～2000kg。对黄萎病抗性中等，不抗白粉病，设施栽培中易严重发病。植株长势较强，株态开张。特早熟品种，休眠浅，适于促成栽培。

（七）甘王（Amaou）

别名：福冈 6 号。由日本福冈县农业综合试验场园艺研究所于2001年由'久留米53号'בּ'92-46'育成。植株半直立，株高24.2cm。果形一致，圆锥形。果面深红色，有光泽。果大，一、二、三级序果平均单果重21.3g。果肉淡红色，有香味。可溶性固形物含量9.9%，可滴定酸含量0.765%。花芽开始分化期早，适合于设施条件下的促成栽培，产量高于'丰香'。

（八）香野（Kaorino）（图4-5）

日本三重县2010年育成（登录）。植株长势强旺，叶片大，明显比一般品种大。花大、花序上花朵数中等。果实圆锥形，橙红色，光泽强。果肉橙红色，果心白色，空洞中等。品质优，香味浓。极早熟品种，适合于设施条件下的促成栽培。

（九）四星（Yotsuboshi）（图4-6）

日本2017年由三重县、香川县、国立研究开发法人农业食品产业技术综合研究机构、千叶县四个育种单位育成，因此取名'四星'。为种子生产型品种。植株直立，长势较强，叶色浓绿。花大小中等，花序上花朵数少。果实圆锥形，红色，大小中等。果实光泽度中等，硬度中等，空洞无或小。四季型品种，适合于设施条件下的促成栽培及周年化生产。

图4-5　草莓品种'香野'　　图4-6　草莓品种'四星'

（十）桃薰（Tokun）（图4-7）

日本国立研究开发法人农业食品产业技术综合研究机构2009年由'K58N7-21'דK久留米1号'育成，是利用远缘杂交及染色体加倍技术育成的十倍体草莓品种（$2n=10x=70$），其亲本之一是原产于中国的黄毛草莓（F. nilgerrensis Schlecht., $2n=2x=14$）。植株长势强，叶片大，叶柄粗，花序直立，单株花量大。平均第一级序果质量与'丰香'相当，但二、三级序果小。果实短圆锥形，浅橙红色。果肉白色，软，芳香，具桃香味，故取名"桃薰"。极晚熟品种。

（十一）天空莓（Skyberry）（图4-8）

日本栃木县2014年育成（登录）。植株直立，长势较强，叶色浓绿。花大小中等，花序上花朵数少。果实大，圆锥形，果实红色，果肉橙红色，果心色淡，果实光泽度中等，果实较硬。大果所占比例高。适于设施条件下的促成栽培。

图4-7 草莓品种'桃薰'

图4-8 草莓品种'天空莓'

（十二）玲茜（Suzuakane）（图4-9）

日本北海道2010年育成（登录）。植株长势中等，匍匐茎少。果实圆锥形，较大。果面橙红色，光泽较强。果肉白色，髓心白色、无空洞或空洞极小。果实较硬。四季型品种。是日本北海道夏秋季草莓生产的主栽品种。

图4-9　草莓品种'玲茜'　　图4-10　草莓品种'淡雪'

（十三）淡雪（Awayuki）（图4-10）

日本鹿儿岛县2013年育成（登录）。植株长势较强，叶色浓绿，花序上花朵数较少，花大。果实圆锥形，大，淡橙色，果实较硬，果肉橙红色，髓心淡红色、无空洞或空洞极小。

（十四）古都华（Kotoka）

日本奈良县2011年育成（登录）。植株长势强，花序上花朵数较少，花大。果实圆锥形，较小。果面红色，光泽强。果肉橙红色，髓心白色、无空洞或空洞极小。适于设施条件下的促成栽培。

（十五）再来一个（Mouikko）

日本宫城县2008年育成（登录）。由育成系统与'幸香'杂交而成。植株长势较强。叶色浓绿，光泽中等。果实圆锥形，大，鲜红色，果实硬度大，果肉淡红色，髓心淡红色、无空洞或空洞极小。成熟期中等。适于设施条件下的促成栽培。

（十六）雪兔（Yukiusagi）

日本佐贺县2014年育成（登录）。植株长势较强，叶色浓绿。花序上花朵数较少，花中等大小。果面桃白色，具光泽。果肉白色，髓心白色，空洞中等。果实硬度中等。

（十七）明宝（Meiho）

日本兵库农业试验场 1977 年以'春香'×'宝交早生'育成。1982 年由上海市农业科学院林木果树研究所从日本引入。20 世纪 90 年代在江苏、上海等地塑料大棚中是促成栽培的主栽品种之一。果实中等大，圆锥形至纺锤形。果面红色至橙红色、稍有光泽、较平整、少有棱沟，果尖部不易着色。果实有颈，具无种子带。果肉白色，髓心较小、白色微带红色、心实。果实味甜，微酸，有香气，汁液多。休眠浅，适于促成栽培。大棚中产量与'丰香'相近，每亩产量可达 1500～2000kg，丰产性好。对白粉病抗性强，也较耐灰霉病，对黄萎病抗性弱。植株长势中等，株态较直立。早熟品种。

（十八）鬼怒甘（Kinuama）

日本 1992 年由'女峰'品种的突变株选出。1995 年引入我国，20 世纪 90 年代后期南北各地有一定设施栽培面积，曾一度成为辽宁等地的主栽品种。果实较大，短圆锥形。果面红色、光泽强、平整，很少有棱沟。种子分布均匀，凹于果面。果肉鲜红色，髓心浅红色、心实或稍空。品质优，香气中，汁液中多。可溶性固形物含量高，有机酸含量较高。果较硬，耐贮运性较强。植株较直立，高大，长势强旺。休眠期短。白粉病抗性中等。中早熟品种。性状与'女峰'品种相近，但长势更强、植株更高。

（十九）宝交早生（Hokowase）

别名：宝交。日本兵库农业试验场 1960 年以'八云'×'Tahoe'育成。20 世纪 70～80 年代作为日本的主栽品种。1978 年由广州郊区萝岗公社首先从日本引入我国，20 世纪 80～90 年代在我国南方和北方均有较广泛栽培。果实中等大小，整齐度较差，圆锥形至楔形。果面红色、有少量浅棱沟，果尖部不易着色，常为黄绿色。果肉白色或淡橙红色，细软，浓甜微酸，有香气，汁液多。品质优良，但不耐贮运。休眠中等深，需低温量约为 450 h。丰产性能好，每亩产量为 750～1200kg。对白粉病、轮斑病抗性强，对黄萎病、灰霉病抗性弱。植株长势中等，株态较开张。早熟品种，可作为露地或半促成栽培。

（二十）丽红（Reiko）

日本千叶农业试验场 1976 年用'春香'自交系 × '福羽'自交系育成，曾为日本主栽品种之一。1980 年由北京农学院从日本引入。20 世纪 90 年代在我国上海等地曾有一定栽培面积。果实较大，大小较一致，圆锥形，外观美丽。果面鲜红至深红色，光泽强，光滑平整。果肉红色，髓心中等大小、红色、稍空。果实甜酸适中，香气浓，汁液多，品质较优，耐贮运性中等。需低温量为 5℃以下 60～100h。丰产性能较好，每亩产量为 700～1200kg。对黄萎病、灰霉病抗性强于'宝交早生'，不抗白粉病和炭疽病。植株长势中等偏强，株态较直立。早中熟品种，果实外观美丽，可作促成栽培或半促成栽培品种。

（二十一）春香（Harunoka）

日本农林水产省野菜茶叶试验场以'久留米 103 号'×'达娜'育成，1967 年发表。1970 年后在日本作为促成栽培品种之一迅速扩大，在'丰香''女峰'品种育成前有较大栽培面积。1978 年由广州郊区萝岗公社从日本引入。20 世纪 80 年代我国南北方均有栽培，曾作为部分地区主栽品种，现生产上已少见。果实中等大小，较'宝交早生'整齐，圆锥形至楔形，长于'宝交早生'。果面橙红色、具光泽、有少量浅棱沟。果肉白色，细软，浓甜微酸，有香气，汁液多。品质优良，但果皮较薄，质地柔软。丰产性中等，每亩产量为 700～1000kg。植株耐热性好于'宝交早生'。对黄萎病、灰霉病、根腐凋萎病抗性强，对白粉病抗性弱。特早熟品种，休眠浅，需低温量约为 70h。

（二十二）女峰（Nyoho）

日本栃木县农业试验场佐野分场 1981 年以（'春香'×'达娜'）×'丽红'育成。为日本关东地区主栽品种。1985 年由北京市农林科学院从日本引入我国，引入后在南北方均有该品种栽培，分布较为广泛，但栽培面积远小于'丰香'。果实圆锥形，大小较整齐。果面红色、光泽强、平整、无棱沟。果肉橙红色，髓心中等大、橙红色、心实或稍空。果肉细韧，浓甜微酸至甜酸适中，香气浓，汁液多，品质优。长江流域进行促成栽培时，10 月定植，元旦前可成熟上市，每亩产量可达 1200～1500 kg，但在保温效果不良的情况下花粉稔性较差，畸形果增多。植株长势强，株态较直立。早熟品种，外观优美，品质优。休眠浅，适于促成栽培。

（二十三）红珍珠（Red Pearl）

日本 1991 年由'爱莓'×'丰香'育成。1999 年引入我国。果实圆锥形，艳红亮丽，味香甜，可溶性固形物 8%～9%。果肉淡黄色，汁浓，较软。是上市鲜果中的上等品种，每亩产量 2000 kg 左右。植株长势旺，株态开张，叶片肥大直立，匍匐茎抽生能力强，耐高温，抗病性中等。休眠浅，适宜温室反季节栽培，每亩栽植 8000～9000 株，注意预防白粉病。

（二十四）静香（Shizunoka）

日本静冈农业试验场以（'久留米'×'宝交早生'）×'宝交早生'育成，1984 年从日本引入我国。果实长圆锥形，鲜红色，果肉淡红色，髓心小，肉质细，味香酸甜，可溶性固形物 8%～9%，较软，不耐贮运。一级序果平均单果重 18g，最大单果重 50g，丰产性好，一般每亩产量 1500kg，高产可达 2000kg。植株长势强，株姿半开张，匍匐茎发生多。休眠浅，适宜促成栽培或露地栽培。每亩栽植 8000 株。

（二十五）静宝（Shizutakara）

由（'久留米103号'×'宝交早生'）×'宝交早生'育成，1979年发表。1984年引入我国，引入后曾有零星栽培。果实中等大，一、二级序果平均单果重12.1～15.3g，最大单果重29.0g。果实圆锥形，果面红色、光泽强、平整，无棱沟。果肉深红色，细，软，甜酸适中，有香气，汁液中等多。可溶性固形物含量10.4%，维生素C含量0.643mg/g。品质中等，不耐贮运。早熟品种，适于设施条件下的促成栽培。

（二十六）北辉（Kitanokagayaki）

日本农林水产省野菜茶叶试验场盛冈支场1996年由'ベルルジュ'×'Pajaro'育成。1999年由沈阳农业大学引入我国。果实中等大小，平均单果重14.2g。果实短圆锥形，果面红色至鲜红色、光泽强。果肉红色，心稍空。香味少。可溶性固形物含量9.4%，糖度高、酸度低，品质优，耐贮运。植株较直立，较高。花芽分化比'宝交早生'晚，休眠深，需5℃以下低温1000～1250h。较丰产，畸形果少，商品果率高。抗白粉病强，抗萎黄病中等。极晚熟深休眠品种，适于露地栽培及拱棚栽培。

（二十七）绯峰（Hinomine）

日本1987年由'照香'×'春香'育成。1997年由沈阳农业大学引入我国。果实大，圆锥形，一、二级序果果形差异小。果面深红色，光泽好。果肉鲜红色，髓心中等大、稍空、红色。甜香，酸度较低，可溶性固形物含量高，香味中等。耐运性较强。适宜促成栽培，抗白粉病。

（二十八）枥峰（Tochnomine）

日本枥木县农业试验场枥木分场1993年以（'Florida 69-266'×'丽红'）×'女峰'育成。1997年由沈阳农业大学引入我国。果很大，长圆锥形。果实较整齐，一级序果与二级序果果形差别小。果面浓红色、平整、具光泽。果肉浓红色，髓心红色、稍空。果实硬。可溶性固形物含量高，酸含量低，香味浓。休眠期较浅，耐热性及耐低温性较强。与品种'女峰'的区别在于果实更大。二级序果及其以后果形为长圆锥形，果面及果肉浓红色，髓心红色，花芽分化期及开花期晚。中熟品种，适于半促成栽培。

二、欧美品种

我国从荷兰、美国、西班牙、波兰、保加利亚、比利时、加拿大等欧美国家引入了较多草莓品种。欧美品种一般特点为抗病力强，耐粗放管理，酸甜型口味，耐贮运，产量高，鲜食和加工皆可。我国主要栽培的欧美品种如'全明星''戈雷拉''哈尼''早红光''森加森加拉''弗吉利亚''吐德拉''卡麦若莎''甜查理''达塞莱克特'等。

（一）甜查理（Sweet Charlie）（图4-11）

美国品种，以'FL80-456'×'Pajaro'育成，1999年由北京市农林科学院从美国引入。引入我国后在南北各地开始了推广试栽，目前是我国栽培面积较大的主栽品种之一，在北京、辽宁、山东、福建、江苏、河北、吉林、广东等地有较大栽培面积。果实较大，形状规整，圆锥形。果面鲜红色，颜色均匀，富有光泽，平整。种子较稀，黄绿色，平于果面或微凹入果面。果肉橙红色，酸甜适口，甜度较大，品质优。果较硬，较耐运输。丰产性中等。植株长势中等。葡匐茎抽生能力强。可作为日光温室或塑料大棚早熟促成栽培品种。

（二）全明星（Allstar）

别名：群星。美国品种，美国农业部马里兰州农业试验站1981年以'MDUS$_{4419}$'×'MDUS$_{3185}$'育成。1980年由沈阳农业大学从美国引入，在河北、辽宁、甘肃、山西等地均有广泛栽培，目前仍是我国露地和拱棚、塑料大棚、日光温室的主栽品种之一。果实较大，圆锥形至短圆锥形。果实大小较一致，外观美。果面鲜红色、有光泽、较平整、少有棱沟。果肉边缘淡红色、髓心中等大小、橙红色、心实。果肉细韧，甜酸适中，有香气，汁液多。品质中等，较酸，果皮较厚，质地韧，耐贮运性强。丰产性能好，每亩产量为750～1500kg。较耐热、耐寒。对根腐凋萎病、白粉病、红中柱根腐病及黄萎病有一定抗性。植株长势较强，株态较直立。中晚熟品种，鲜食加工兼用。适应性强，可作为露地或半促成栽培品种。

（三）哈尼（Honeoye）

别名：美国 13 号、美 13。美国品种，美国康奈尔大学在纽约州 Geneva 农业试验站 1979 年以 'Vibrant'×'Holiday' 育成。20世纪 80 年代是美国的主栽品种，加拿大、意大利等国也有较大栽培面积。1983 年由沈阳农业大学从美国引入，20 世纪 80 年代中期以来，辽宁、甘肃、山东等省均作为主栽品种之一，目前主要用于露地栽培生产加工出口果实。果实较大，圆锥形至楔形。果面红色至深红色、光泽较强、较平整、少有棱沟，果尖部不易着色。果肉淡红色，髓心中等大小、淡红色、心稍空。果肉细韧，味偏酸，有香气，汁液多。品质中等，果皮较厚，质地韧，耐贮运性强。丰产性能好，每亩产量为750～1500kg。植株较耐热、耐寒。对灰霉病、白腐病、叶斑病、凋萎病抗性强。植株长势较强，株态较直立。中熟品种，鲜食加工兼用，可露地或半促成栽培。

（四）法兰地（Falandi）

来源不详。近十年来，是广东、福建等地露地栽培的主栽品种。很多人认为'法兰地'就是'甜查理'，虽未定论，但两者性状很接近。果实较大，形状规整，圆锥形，较长。果面鲜红色，颜色均匀，富有光泽。果面平整。种子较稀，黄绿色。果肉橙红色，酸甜适口，甜度较大，品质较优。果较硬，较耐运输。丰产性好。

植株长势强，叶片大，近圆形，深绿色。匍匐茎抽生能力强。可作为露地栽培或设施促成栽培品种。

（五）蒙特瑞（Monterey）（图4-12）

美国品种，2009年由美国加州大学以'阿尔比（Albion）'ב'Cal 97.85-6'育成的四季结果型品种。植株长势旺盛，开张。果实大于母本'阿尔比'，但硬度低于'阿尔比'。果实风味好，在加州草莓品种中最甜，但对白粉病敏感。

图4-11　草莓品种'甜查理'

图4-12　草莓品种'蒙特瑞'

（六）波特拉（Portola）

美国品种，2009年由美国加州大学以'Cal 97.93-3'ב'Cal 97.209-1'育成的四季结果型品种。植株长势旺盛，高大。果实大小与'阿尔比'相似，但果色浅于'阿尔比'，有光泽。适应性强，结果期早于'阿尔比'。果实品质优、抗性强。

（七）圣安德瑞斯（San Andreas）

美国品种，2009年由美国加州大学以'Albion'ב'Cal 97.86-1'育成的四季结果型品种。生育周期与母本'阿尔比'相似。植株长势旺盛，株高高于'阿尔比'。匍匐茎繁殖能力弱。果实大，果色浅于'阿尔比'，果实品质优，抗性强。

（八）达塞莱克特（Darselect）

法国品种，法国达鹏种苗公司于 1995 年由'派克'×'爱尔桑塔'育成。20 世纪 90 年代后期引入我国，引入后在河北省、辽宁省、山东省等地推广发展较快，现在是河北省和辽宁省部分地区塑料大棚的主栽品种之一。果实大，圆锥形，果形整齐。果面深红色，有光泽，果肉全红，质地坚硬，耐远距离运输。果实品质优，味浓，酸甜适度。丰产性好，设施栽培每亩产量 2000kg，露地栽培每亩产量 1000～1500kg。植株生长势强，株态较直立。叶片多而厚，深绿色。适合露地栽培、塑料大棚半促成栽培。

（九）卡麦若莎（Camarosa）

别名：卡姆罗莎、童子一号、美香莎。美国品种，由'道格拉斯'×'Cal 85.218-605'杂交选育而成。20 世纪 90 年代中期引入我国。在我国南北方均有一定的栽培面积，以北京地区为主。果实大，最大单果重达 100g。果实大小较整齐，长圆锥形或楔形。果面平整光滑，有明显的蜡质光泽。果肉红色，酸甜适宜，香味浓。果实硬度大，耐贮运。休眠期短，开花早。保护地条件下，连续结实期可达 6 个月以上，每亩产量可达 3500～4000kg。适应性强，抗灰霉病和白粉病。植株生长势和葡匐茎发生能力强，株形直立，半开张。综合性状优良，适于温室栽培。

（十）阿尔比（Albion）

美国品种，2006 年由美国加州大学以'Diamante'×'Cal 94.16-1'育成。植株长势强，直立，株高 21～27cm。花梗粗壮，高于叶面，花大 3.0～4.0cm。果实长圆锥形，深红色，果色均匀一致，果实硬度为 9.3kgf/cm^2，品质优，是鲜食和加工兼用品种。果大，平均单果重 33g。葡匐茎繁殖能力中等，抗黄萎病和炭疽病。四季结果型。

（十一）温塔娜（Ventana）

美国品种，2001 年由美国加州大学育成的短日型草莓品种。

植株生长势和匍匐茎发生能力强，株形开张。结果期早于'卡姆罗莎'，产量也比'卡姆罗莎'高。果实大小整齐一致，有光泽，果实硬度和货架期与'卡姆罗莎'相似，适合于鲜食和加工。综合性状优于'卡姆罗莎'。适应性强，抗根腐病，对叶斑病和黄萎病较敏感。

（十二）卡米诺实（Camino Real）

美国品种，由美国加州大学以'Cal 89.230-7'×'Cal 90.253-3'育成的短日型草莓品种。植株较小，株形紧凑。生育周期与'卡姆罗莎'相似，但果实产量高于'卡姆罗莎'。果实风味好，硬度与'卡姆罗莎'相似，适合于鲜食和加工。对白粉病敏感，但抗黄萎病、根腐病和较抗炭疽病。

（十三）早红光（Earliglow）

别名：早光。美国品种，美国农业部马里兰州农业试验站1975年以（'Fairland'דMidland'）×（'Redglow'דSurecrop'）育成。曾是美国大面积栽培的早熟品种之一。1980年由沈阳农业大学从美国引入，1980~2000年是我国甘肃、河北、辽宁等地露地栽培的早熟品种之一。果实中等偏大，圆锥形至短圆锥形。果实大小较一致，外观美。果面红至深红色，光泽较强，平整，少有棱沟。果肉红色，髓心大、淡红色、稍空。果肉细韧，甜酸适中，有香气，汁中等多。品质中等偏上，果皮较厚，质地韧，耐贮运性较强。丰产性能较好，每亩产量为720～1300kg。植株较耐热、耐寒。对叶斑病、叶灼病、红中柱根腐病有较强抗性，但易感染炭疽病。植株长势较强，株态较直立。早熟品种，外观美，可作为露地或半促成栽培品种。

（十四）赛娃（Selva）

美国品种，以'CA70.3-177'×'CA71.98-605'育成，1983年发表。1997年引入我国。在我国山东等地零星种植。果实大，平均单果重31.2g，最大单果重138.0g。果实阔圆锥形。果面鲜红色、光泽较强、较平整、有少量棱沟。果肉橙红色，髓心中等大、心空、橙红色。肉质细，甜酸，有香气，汁液多。可溶性固形物含量13.5%。四季品种，产量高。

（十五）常得乐（Chandler）

别名：常德乐。美国品种，美国加州大学以'Douglas'×'Cal 72.361-105（C55）'育成，1983发表。20世纪末期是美国和欧洲的主栽品种之一。果实深红色，圆锥形，硬度好，口味甜酸，可溶性固形物9%，一级序果平均单果重18g，最大单果重70g，每亩产量可达3000kg。植株长势稳健，半开张，抗病力强。叶色深绿，叶片近圆形，有光泽。花梗粗壮，低于叶面。是鲜食和深加工兼用品种。适宜温室和露地栽培。

（十六）玛丽亚（Maliya）

别名：C果、卡尔特1号。1993年自西班牙引入北京市和辽宁省东港市，引入时编号为C，亲本不详。目前是辽宁等北方地区露地和拱棚的主栽品种之一，生产上较多称该品种为"C果"。果实大，圆锥形，大小整齐。果面鲜红色，有光泽，平整。肉质淡黄色，芳香酸甜，硬度大，耐贮运。一般每亩产量达2000kg以上。休眠较深，需5℃以下低温量500～600h。苗木在田间易发生蛇眼病。植株生长势强，叶片较厚，呈椭圆形，叶缘锯齿浅，颜色浓绿。匍匐茎抽生能力较弱，但成苗率高。中熟品种，适宜露地、拱棚栽培及延迟栽培。

（十七）吐德拉（Tudla）

别名：图德拉、土特拉。西班牙Planasa种苗公司育成，1995年由辽宁省东港市草莓研究所引入我国。1995～2004年在我国东北、华北有较大栽培面积，是辽宁省日光温室中的主栽品种，尽管产量很高，但由于品质较差，现在已经很少栽培。果实大，长楔形或长圆锥形。果面深红有光泽，稍有棱沟。较酸，硬度好。每亩产量达 2000kg 以上，温室最高可达 4000kg。休眠期比'弗吉尼亚'短，适合温室栽培，温室栽培比'弗吉尼亚'早熟 15～20 d。植株生长健旺，繁殖力、抗逆性强，叶色浓绿光亮，植株较'弗吉尼亚'紧凑，花序大多呈单枝，无分枝。中熟品种，耐贮性强。

（十八）弗吉尼亚（Fujiniya）

别名：弗杰尼亚、弗杰利亚、杜克拉、A 果。1993 年从西班牙引入北京市和辽宁省东港市，引入时编号为 A，亲本不详。生产上常称该品种为"A 果"。通过性状观察，有人认为该品种即为美国品种'常德乐（Chandler）'。20 世纪 90 年代中后期在我国东北、华北有较大面积，是辽宁省日光温室中的主栽品种，由于品质较差，目前已少有应用。果实大，较整齐，圆锥形。果面鲜红色、具光泽、较平整。果尖部不易着色，常为黄绿色。果肉橙红色，髓心较大、淡红色、心空。果肉细韧，味淡，汁液中等。品质较差，果皮较厚，果实硬度大，耐贮运。适应性和抗病性强。极丰产，北方日光温室栽培每亩产量高达 4000～5000 kg。早熟品种，适于半促成或促成栽培，可多次抽生花序，在日光温室中可以从 12 月下旬陆续多次开花结果至翌年 7 月份。

（十九）森加森加拉（Senga Sengana）

别名：森加森加纳、森格森格纳、森嘎。德国品种，德国 1954 年以'Markee'×'Sieger'育成。为波兰、德国主栽品种之一。1982 年由沈阳农业大学从匈牙利引入。在我国山东、辽宁等地作为加工品种栽培较多。果实中等大小，圆锥形至短圆锥形。果实大小较一致，外观美。果面深红色、光泽较强、较平整、少有棱沟。果肉深红色，髓心中等大小、深红色、稍空。果肉细韧，味偏酸，有香气，汁液多。品质中等，果皮较薄，耐贮运性中等。丰产性能好，每亩产量为 750～1500kg。植株较耐热、耐寒。抗白粉病，不抗灰霉病。植株长势中等，植株较小。中熟品种，适于加工，可作为露地栽培品种。

（二十）戈雷拉（Gorella）

别名：比 4、比四、B4。荷兰品种，荷兰瓦格林根园艺植物研究所 1960 年以 'Juspa'×'US3763' 育成。1979 年由中国农业科学院作物品种资源研究所从比利时引入。20 世纪 80～90 年代在我国北方地区栽培面积较大。目前在吉林、黑龙江等地仍作为主栽品种栽培。果实中等大小，整齐度较差。果实楔形。果面红色较深、具光泽、有明显棱沟。果尖部不易着色，常为黄绿色。果肉红色、髓心较小、红色、心实或稍空。甜酸适中略偏酸，有香气，汁液中等。品质中等，果皮较厚，质地韧，较耐贮运。丰产性能较好，每亩产量为 700～1500kg。植株长势中等偏强，株态较开张，植株矮小。早中熟品种，可用于鲜食或加工，适于露地栽培，但不耐旱。

三、中国品种

中国草莓育种开始于 20 世纪 50 年代前后，沈阳农业大学、江苏省农业科学院、北京市农业科学院林业果树研究所等单位在国内最早开始了草莓育种，至 2010 年，我国已先后选育出了约 50 个草莓品种。沈阳农业大学育成了'绿色种子''大四季''沈农 101''沈农 102''明晶''明磊''长虹 1 号''长虹 2 号''明旭''秀丽''粉佳人''俏佳人'等品种，江苏省农业科学院园艺研究所育出了'紫晶''金红玛''五月香''硕丰''硕蜜''硕露''硕香''春旭''雪蜜''紫金 1 号''宁丰''宁玉''宁露''紫金红'等品种，北京市农业科学院林业果树研究所育出了'星都 1 号''星都 2 号''天香''燕香''冬香''书香''红袖添香'等品种，河北省农业科学院石家庄果树研究所育出了'新明星''石莓 1 号''石莓 2 号''新红光''春星''石莓 4 号''石莓 5 号''石莓 6 号''石莓 7 号'，吉林省农业科学院果树研究所育出了'公四莓 1 号''四季公主 2 号''3 公主'等品种，山东省农业科学院果树研究所育出了'红丰'等品种，山西省农业科学院果树研究所育出了'香玉''美珠''长丰''红露'等品种，浙江省农业科学院园艺研究所育出了'越秀''越珠'等品种，上海市农业科学院园艺研究所育出了'申旭 1 号''申旭 2 号''久香'等品种，东港市草莓研究所育出了'红实美'等品种，湖北省农业科学院经济作物研究所育出了'晶瑶'等品种，宁波市草莓良种繁育中心与奉化区绿珍草莓研究所育出了'凤冠'等品种，蛟河市草莓研究所培育出了'瑞雪'等品种，贵州省园艺研究所培育出了'黔莓 1 号''黔莓 2 号'等品种。

（一）明晶

沈阳农业大学 1989 年从'日出（Sunrise）'品种实生苗中选育而成。在东北、华北地区有一定栽培面积。果实大，近圆形，果面红色、光泽好、较平整。果肉红色，髓心较小、稍空、橙红色。果肉细韧，致密，酸甜，有香气，汁液多，红色。单株平均产量 125.4g，平均每亩产量 1100kg，最高达 2627.2kg。抗寒性好，抗晚霜危害、抗旱力强。植株长势较强，株冠直立，叶片稀疏，椭圆形，呈匙状上卷。早中熟品种，果实硬度大，耐贮运性好。

（二）明旭

沈阳农业大学 1995 年用'明晶'×'爱美'杂交育成。果实近圆形，果面红色、着色均匀。果肉粉红色，肉质，香味浓，甜酸适口。种子均匀平嵌果面。萼片平贴，易脱萼。可溶性固形物 9.1%。果皮韧性好，果实硬度中等，较耐贮运。一、二级序果平均单果重 16.4g，最大单果重 38g，亩产 1500kg 以上。抗逆性强，尤其植株抗寒性好，适宜温室栽培，亩栽植 9000 株。植株生长势强，株姿直立。早熟品种。

（三）长虹 2 号

沈阳农业大学 1991 年从'MDUS4355'×'Tribute'杂交组合中育成。在吉林、辽宁曾有一定栽培面积。果实大，圆锥形至楔形，果面红色、光泽好、较平整。果肉红色，甜酸，香气浓，汁液多。早中熟四季性品种，春季亩产 1238kg，夏季亩产 888.7kg。抗寒、抗旱、抗晚霜能力强。植株长势中等，株态较开展，株高中等。耐贮运。

（四）艳丽

沈阳农业大学 2011 年以 '08-A-01'×'枥乙女' 杂交育成。目前在辽宁等地有一定栽培面积。果实圆锥形，果形端正，果面鲜红色、光泽强，髓心空。酸甜适口，香味浓。可溶性固形物 9.5%。果实硬度较大，耐贮运。植株健壮，抗病性强。适于日光温室半促成栽培。

（五）硕丰

江苏省农业科学院园艺研究所 1989 年从 'MDUS4484'×'MDUS4493' 杂交育成。目前在江苏有较大栽培面积。果实大，短圆锥形，果面橙红色、鲜艳、有光泽、较平整。果肉红色，髓心小、红色、无空洞。果肉细韧，甜酸，味浓，有香气，汁液中等多。果实硬度大，耐贮运。丰产性能好，平均亩产 1013kg，最高达 1849.2kg。植株耐热性强，在南京地区持续高温条件下生长正常。抗灰霉病、炭疽病。植株长势强，矮而粗壮，株态直立。晚熟品种。

（六）紫金1号

江苏省农业科学院园艺研究所 2005 年从 '硕丰'×'久留米' 杂交育成。果实圆锥形，果面鲜红、洁净漂亮，种子微凹于果面，果形整齐。果肉和髓心红色或橙红色，果味酸甜。果实除萼较易。可溶性固形物含量在 9% 以上。平均单果重 14g。该品种除保持了母本 '硕丰' 果实表面和果肉红色、可溶性固形物含量高、丰产性好、抗病性强等特点外，还具有果实味酸甜浓、肉质稍软、除萼容易、植株直立等优良特性，适于半促成和露地栽培。

（七）宁玉（图4-13）

江苏省农业科学院园艺研究所2010年由'幸香'×'章姬'杂交育成。果实圆锥形，果形端正，一、二级序果平均单果重24.5g，最大52.9g，产量达33180kg/hm²。果面红色，光泽强。果肉橙红，味甜，香浓。耐贮运。可溶性固形物含量10.7%，总糖7.384%，可滴定酸0.518%，维生素C 0.762mg/g，硬度1.63kgf/cm²。植株半直立，长势强，叶片椭圆形、粗糙。早熟品种，适于大棚栽培。

（八）紫金久红（图4-14）

江苏省农业科学院果树研究所2015年由'久59-SS-1'×'红颜'杂交育成。果实圆锥形或楔形，果大，平均单果重17.3g，果个均匀，畸形果少。果面红色，平整，光泽强。风味甜，香味浓。可溶性固形物含量11.3%。硬度大，耐贮运。丰产，亩产2000kg。植株半直立，匍匐茎抽生能力强。较抗炭疽病和白粉病。早熟品种，适于促成栽培。

图4-13 草莓品种'宁玉'

图4-14 草莓品种'紫金久红'

（九）宁丰

江苏省农业科学院园艺研究所由'达赛莱克特'×'丰香'杂交选育而成。早熟丰产，果实外观整齐漂亮，畸形果少。果实圆锥形，果面红色、光泽强。肉质细，风味甜。南京地区'宁丰'全年平均可溶性固形物含量 9.8%，硬度 1.68kgf/cm²。果大，果个均匀，平均单果重达 16.5g，株产 328g。植株长势强，半直立。抗炭疽病、白粉病，适合我国大部分地区促成栽培。

（十）雪蜜

江苏省农业科学院园艺研究所 2003 年选育。原始材料由日本学者提供，经组培诱变、田间栽植后选出。株姿半直立，株高 15cm 左右。叶片较大，近椭圆形。果实为圆锥形。果面平整，鲜红色，着色易，光泽强。果肉橙红色，髓心橙红或白色，大小中等，无空洞或空洞小。香气较浓，酸甜适中，品质优。最大单果重 45g，含可溶性固形物 11%、总糖 5.46%、可滴定酸 0.69%、维生素 C 0.612mg/g，硬度 0.68kgf/cm²。'雪蜜'对白粉病的抗性强于'丰香'。

（十一）紫金四季

江苏省农业科学院园艺研究所 2011 年由'甜查理'×'林果'杂交育成，为四季性品种。果实圆锥形。平均单果重 16.8g，最大单果重 48.3g，产量达 31185kg/hm²。果面红色，光泽强。果肉红，味酸甜浓。耐贮运。可溶性固形物 10.3%，总糖 7.152%，可滴定酸 0.498%，维生素 C 0.697mg/g，硬度 2.19kgf/cm²。

（十二）星都 1 号、星都 2 号

北京市农林科学院林业果树研究所 2000 年从'全明星'×'丰香'杂交组合中选育而成。目前在我国中北部地区有一定栽培面积。果实大，圆锥形。果面鲜红色、有光泽。果肉红色，肉质上等，酸甜适中，香味浓，汁液多。较耐贮运。植株长势强，株态较直立。中晚熟品种，果实大，产量高。

（十三）天香

北京市农林科学院林业果树研究所 2008 年从'达赛莱克特'×

'卡姆罗莎'杂交组合中选育而成。果实圆锥形，果面橙红色、有光泽。种子黄、绿、红色兼有，平或微凸于果面，种子分布均匀。果肉橙红色。花萼单层、双层兼有，主贴副离。一、二级序果平均果重29.8g，最大果重58g。外观品质好。风味酸甜适中，香味较浓。可溶性固形物含量8.9%，维生素C含量每100g鲜果65.97mg，总糖5.997%，总酸0.717%，果实硬度0.43kgf/cm^2。植株生长势中等，株态开张。

（十四）燕香

北京市农林科学院林业果树研究所2008年从'女峰'×'达赛莱克特'杂交组合中选育而成。果实圆锥形或长圆锥形，果面橙红色、有光泽。果肉橙红色，风味酸甜适中，有香味。一、二级序果平均果重33.3g，最大果重54g。可溶性固形物含量8.7%，维生素C每100g鲜果72.76mg，总糖6.194%，总酸0.587%，果实硬度0.51kgf/cm^2。植株生长势较强，株态较直立。

（十五）书香

北京市农林科学院林业果树研究所2009年由'女峰'×'达赛莱克特'杂交育成。果实圆锥形，果形端正。平均单果重24.5g，最大单果重76g。果面深红色，光泽强。有香味。耐贮运。抗白粉病。可溶性固形物含量10.9%，总糖5.56%，总酸0.52%，维生素C 0.492mg/g，果实硬度2.293kgf/cm^2。植株长势较强。在北京地区日光温室栽培条件下1月上中旬成熟。

（十六）京藏香（图4-15）

北京市农林科学院林业果树研究所2013年由'早明亮'×'红颜'杂交育成。目前在我国各地有较大面积栽培。果实圆锥形或楔形，果大，平均单果重31.9g。里面红色，有光泽。有香味。耐贮运。可溶性固形物含量9.4%。植株生长势中等，株态开张。极早熟品种，适于日光温室和塑料大棚促成栽培。

（十七）京桃香（图4-16）

北京市农林科学院林业果树研究所2014年以'达赛莱克特'דׂ章姬'杂交育成。果实圆锥形或楔形。一、二级序果平均单果重31.5g，最大单果重49.0g。果面红色，有光泽。果肉具有浓郁黄桃香味。可溶性固形物含量9.5%。果实硬度较大，耐贮运。中早熟品种，适于日光温室和塑料大棚栽培。

图4-15　草莓品种'京藏香'　　图4-16　草莓品种'京桃香'

（十八）白雪公主（图4-17）

北京市农林科学院林业果树研究所用白果草莓种子播种筛选育成，俗称"白果草莓"。果较大，圆锥形，果形漂亮。果实白色，种子红色。果实较甜，香味中等。植株比常规红果栽培品种矮小。中熟品种，适于温室和大棚栽培。

（十九）粉红公主

北京市农林科学院林业果树研究所2014年由'章姬'ד给维塔'杂交育成。果实圆锥形或楔形，一、二级序果平均单果重20.5g，最大单果重43g。果面粉红色，有光泽。有香味。可溶性固形物含量为10.4%，维生素C含量为0.589mg/g，还原糖含量为4.25%，可滴定酸含量为 0.63%，果实硬度为 1.4kgf/cm²。北京地区日光温室条件下 1 月中旬成熟。

（二十）妙香七号（图4-18）

山东农业大学 2004 年以'红颜'×'甜查理'杂交育成。目前在山东、北京、宁夏、江苏、四川等地有一定栽培面积。果实圆锥形，一级序果平均单果重 44.3g，最大单果重 64.2g。果实整齐，果面鲜红色、富有光泽。可溶性固形物含量 9.9%。耐贮性较好。抗病性较强。适于日光温室和塑料大棚栽培。

图4-17　草莓品种'白雪公主'　　　图4-18　草莓品种'妙香七号'

（二十一）3公主

吉林省农业科学院果树研究所 2009 年从'公四莓 1 号'×'硕丰'杂交组合中选育而成。一、二级序果平均单果重 15.1g，一级序果平均单果重 23.3g，最大单果重 39g。一级序果楔形，果面有沟、红色、有光泽；二级序果圆锥形，果面无沟。果肉红色，髓心较大，微有空隙。香气浓。味酸甜，品质上。四季结果能力强，在温度适宜的条件下可常年开花结果。露地栽培春、秋两季果实品质好。含可溶性固形物春季 10%，夏季 8%，秋季 15%。含总糖 7.01%，总酸 2.71%，维生素 C 每 100g 鲜果 91.35mg。丰产。抗白粉病，抗寒。生长势中等。叶片椭圆形或圆形，深绿色，有光泽。花序高于叶面。四季品种。

（二十二）石莓6号

河北省农林科学院石家庄果树研究所2008年从'36021'×'新明星'中选育而成。果实短圆锥形，一级序果平均单果重36.6g，二级序果22.6g，三级序果14.9g，最大单果重51.2g，平均单株产量401.6g，丰产性好。果面平整，鲜红色（九成熟以上深红色），萼下着色良好，有光泽。无畸形果，无裂果。有果颈。果肉红色，质地细密，髓心小无空洞。果汁中多，味酸甜，香气浓。可溶性固形物含量9.08%。果实硬度0.512kgf/cm^2，硬度大，贮运性好。植株长势强。叶绿色，光泽强。中熟品种。

（二十三）红玉（图4-19）

杭州市农业科学院2010年以'红颜'×'2008-2-20'（'甜查理'×'红颜'）杂交育成。果实长圆锥形，果形端正。一、二级序果平均单果重23g，亩产2000kg。果面红色，光泽强。味甜。耐贮运。可溶性固形物含量8.6%～14.8%。植株长势强，匍匐茎繁殖能力强。抗病性较强。适合塑料大棚栽培。

（二十四）久香（图4-20）

上海市农业科学院林木果树研究所2007年从'久能早生'×'丰香'杂交组合中选育而成。果实圆锥形，较大，一级、二级序果平均单果重21.6g。果形整齐。果面橙红富有光泽，着色一致，表面平整。果肉红色，髓心浅红色，无空洞；果肉细，质地脆硬；汁液中等，甜酸适度，香味浓。植株生长势强，匍匐茎繁殖能力强，株形紧凑。花序高于或平于叶面。设施栽培可溶性固形物9.58%～12%，可滴定酸0.742%，维生素C 0.9783mg/g。对白粉病和灰霉病的抗性均强于'丰香'。

图4-19 草莓品种'红玉'　　　　　图4-20 草莓品种'久香'

（二十五）晶瑶

湖北省农业科学院经济作物研究所2008年从'幸香'×'章姬'杂交组合中选育而成。目前在湖北省有一定栽培面积。果实呈略长圆锥形，外形美观，畸形果少。果面鲜红，富有光泽。果实个大，丰产性好。果实整齐。肉鲜红，细腻，香味浓，髓心小、白色至橙红色，口感好，品质优。耐贮性好。育苗期易感炭疽病，大棚促成栽培抗灰霉病能力与'丰香'相当，抗白粉病能力强于'丰香'。植株高大，生长势强。叶片长椭圆形，嫩绿色。植株形态、果实外观与'红颜'相近。早熟品种，适于大棚和日光温室生产。

（二十六）越丽

浙江省农业科学院2013年以'红颊'×'幸香'杂交育成。果实圆锥形，美观。一级序果平均重39.5g，平均单果重17.8g。果面平整、鲜红色、具光泽。髓心淡红色，无空洞。果实甜酸适口，风味浓郁。可溶性固形物含量12.0%。抗白粉病。适合塑料大棚栽培。

（二十七）红实美

辽宁省东港市草莓研究所2005年从'章姬'×'杜克拉'杂交

组合中选育而成。果个大而亮丽，长圆锥形，色泽鲜红。果肉口味香甜，淡红多汁。植株长势旺健，株态半开张。叶梗粗，叶片浓绿肥厚有光泽。抗白粉病。硬度较好。单株平均产量400～500g，单株最高产量达1500g。休眠浅，早熟，适宜温室栽培。

（二十八）丹莓1号

辽宁草莓科学技术研究院2015年由'甜查理'×'红颜'育成。植株长势旺健，叶色浓绿。匍匐茎抽生能力强，繁殖系数高，苗期抗病能力强。果实圆锥形，果面亮红色、有光泽、平整。产量高，每亩产量可达4000kg。果实甜酸适口，果肉细腻，髓心实。可溶性固形物含量9.6%。硬度0.54kgf/cm²，耐贮性好。抗灰霉病、炭疽病，中抗白粉病，适应性强。适合日光温室栽培，中早熟品种，成熟期比'甜查理'晚5~7d。

（二十九）丹莓2号

辽宁草莓科学技术研究院2015年由'甜查理'×'红颜'育成。植株长势旺健，叶色浓绿。匍匐茎抽生能力强，繁殖系数明显高于'红颜'，与'甜查理'相近。果实长圆锥形，果面亮红色、有光泽、平整。产量高，每亩产量可达4000kg以上。果实甜酸适口，果肉细腻，髓心实。平均可溶性固形物含量9.8%。硬度0.53kgf/cm²，耐贮性好。抗灰霉病、炭疽病，中抗白粉病，适应性强。适合日光温室栽培，中早熟品种，成熟期比'甜查理'晚7~10d。

（三十）黔莓1号

贵州省园艺研究所2010年由'章姬'×'法兰帝'杂交选育而成。果实圆锥形，果面鲜红色、光泽好。果肉橙红色，髓心白色、小，果实完熟后髓心略有空洞。果尖着色容易，萼下着色较慢。一级序果平均单果重26.4g，最大单果重83.6g。果肉质地韧，酸甜适中，香味较淡。可溶性固形物含量9%～10%，总糖7.73%，总酸0.44%，维生素C含量0.909mg/g，果实硬度为1.57kgf/cm²。抗病性和抗逆性优于母本'章姬'。植株高大健壮，生长势强。分蘖性中等，匍匐茎发生容易。花序连续抽生性好，单花序花数 8～12 朵。花朵大，白色，易除萼。

四、红花观赏品种

红花草莓是利用开白花的草莓（*Fragaria*）与开红花的委陵菜（*Potentilla*）进行属间杂交得到的开粉色或红色花的草莓杂种，是草莓家族的新类型，极具观赏性和商业价值。日本、美国、德国、加拿大、法国、中国等国家培育了一批从浅红、粉红、红到深红等不同程度颜色的红花草莓品种，如'玫瑰林'（Rosalyne）、'玫瑰果'（Roseberry）、'野马'（Tarpan）、'崔斯坦'（Tristan）、'罗曼'（Roman）、'碧甘'（Pikan）、'美林'（Merlan）、'罗萨那'（Rosana）、'粉豹'（Pink Panther）、'玫瑰王'（Viva Rosa）、'野火'（Wild Fire）、'粉美人'（Pretty in Pink）、'粉佳人'（Pink Beauty）、'俏佳人'（Pretty Beauty）、'红宝石''黑石'等。目前培育出的红花草莓品种果实性状还没能达到像栽培品种一样的大小和品质，所以主要用于观赏，可以地栽和盆栽。

（一）粉佳人（Pink Beauty）

沈阳农业大学培育的品种。2011 年由'鬼怒甘'×'Pink Panda'育成。植株长势强，平均株高 21cm。叶黄绿色、有光泽，中心小叶椭圆形。匍匐茎多，红色。花浅粉红色，较大。单株花序多，花量大，单花一般持续 5～7 d，整体花期可达 1 个月以上。果实红色，长圆锥形，微酸。果较大，一级序果平均单果重 14.9g。较抗寒，抗叶斑病。

（二）俏佳人（Pretty Beauty）（图 4-21）

沈阳农业大学培育的品种。2011 年由'鬼怒甘'×'Pink Panda'育成。植株长势中等，平均株高 18cm。叶绿色、勺状，中心小叶近圆形。匍匐茎红色，粗壮，繁殖能力强。花深粉红色，花大。单株花序多，每序着生花朵数多，一年生植株春季单株开花30～40朵，单花一般持续5～7 d，整体花期可达1个月以上。果圆锥形，红色，较甜。中等大小，一级序果平均单果重10.5g。较抗寒，抗叶斑病。

（三）红玫瑰（Red Rose）（图4-22）

沈阳农业大学培育的品种。2013年由'鬼怒甘'בPink Panda'育成。植株长势旺盛，株高22cm。叶片深绿色，大。匍匐茎红色，粗壮，繁殖能力强。花深粉红色，花大，鲜艳，美丽。花期可达1个月以上。果实圆锥形，红色，酸甜，果小，单果重5～10g，坐果率较低。较抗寒，抗叶斑病。

图4-21 红花草莓品种'俏佳人'　图4-22 红花草莓品种'红玫瑰'

（四）粉公主（Pink Princess）

沈阳农业大学培育的品种。2013年由'鬼怒甘'בPink Panda'育成。植株长势中等，直立，平均株高24cm。叶片亮绿色，有光泽。匍匐茎红色，粗壮，繁殖能力中等。花序直立，平于叶面。花玫瑰红色，花中等大小。单株花量大，四季开花，全年可不断开花，以春季开花最盛，秋季次之。果实圆球形，种子红色，果肉红，髓空，酸甜，果小，单果重5～10g。较抗寒，抗叶斑病。

（五）红花草莓优系（SNX#）（图4-23）

沈阳农业大学培育的新品系。花红色，鲜艳，特别醒目、漂亮。花朵多、繁密。植株较小。适于露地栽培及盆栽观赏。

（六）红花草莓优系（SNX1-5）（图4-24）

沈阳农业大学培育的新品系。花红色，观赏性强。匍匐茎繁殖能力强。果实红色，较小，圆锥形。抗逆性强。适于露地栽培及盆栽观赏。

图4-23　红花草莓优系 'SNX#'

图4-24　红花草莓优系 'SNX1-5'

（七）紫金红（Zijinhong）

江苏省农业科学院培育的品种。2015年以'红颜'为母本、'03-01'（'粉红熊猫'与'硕香'实生的杂交后代）为父本杂交育成。花粉红色，花瓣重叠。果实红色，圆锥形，大小整齐，平均单果重18.5g。风味甜。可溶性固形物含量8.0%～13.7%。果实硬度中等（0.195kgf/cm²）。中抗炭疽病，匍匐茎抽生能力强，适合鲜食观赏。

（八）粉红熊猫（Pink Panda）

英国品种。1989年由 *F. ananassa* × *P. palustis* 育成，属间杂种。

植株长势中等，株高 5～10cm。叶深绿色，有光泽。匍匐茎红色，繁殖能力极强，田间每株当年一般可繁 40～100 株匍匐茎苗。花粉红色，花瓣 5~8 枚，花大，直径一般为 2～3cm，最大可达 4cm。四季开花，全年可不断开花，但中间有短暂的间歇期。单株花量大，单花一般持续 5～7d。结实性差，果小，单果重 5～10g，偏酸。

（九）小夜曲（Serenata）

英国品种。1991 年由 'No.82/12-10' × 'Pink Panda' 育成。植株长势旺。叶深绿色，有光泽。匍匐茎红色，繁殖能力极强。花深粉色，较大。单株花量大，花序平于叶面。果较小，圆锥形，浅红色，甜，有麝香味。染色体比正常栽培品种多 2 条，为 58 条。抗叶斑病，不抗寒。

（十）口红（Lipstick）

英国品种。1993 年由 *Fragaria* × *Potentilla* 育成。植株强壮，叶有光泽。花深粉色，单株花量大，花序略高于叶面。果圆球形，红色，性状优于 'Pink Panda'。不抗寒。

（十一）玫瑰林（Rosalyne）

加拿大品种。2000 年由 'Fern' ×（'SJ9616' × 'Pink Panda'）育成。植株长势旺。花浅粉色，花大，直径可达 4.3cm。果实中等大小，红色，圆锥形，有光泽。较抗叶斑病，抗寒。

（十二）玫瑰果（Roseberry）

加拿大品种。2004 年由 'Fern' ×（'SJ9616' × 'Pink Panda'）育成。植株长势旺。花大，亮粉色，花序略平于叶面。果大，楔形，较甜，略带香味。抗叶斑病，抗寒。

（十三）玫瑰王（Viva Rosa）

法国品种。植株长势中等。花大，粉色，花序略高于叶面。果大，圆锥形，浅红色，略有光泽，品质优。种子凸。不抗寒。

（十四）托斯卡娜（Toscana）

荷兰品种。2011 年由 ABZ Seeds 公司育成。植株长势较强。花大，深粉色，花色漂亮。花期持续时间长。果实圆锥形，品质较优。目前是欧洲较流行的红花观赏草莓品种。

第五章

有机草莓育苗技术

第一节　有机草莓的繁殖

　　繁殖健壮的有机草莓苗是获得有机草莓高产的基础。草莓繁殖有匍匐茎繁殖、组织培养繁殖、新茎分株繁殖和种子播种繁殖4种方式。我国生产上主要用匍匐茎繁殖法繁殖草莓苗，并且越来越多地与组织培养相结合，用组培原种苗作为母株，再采用田间匍匐茎繁殖，可以脱毒复壮，生产优质苗木，并提高繁殖系数。新茎分株繁殖在生产上基本不使用，而种子繁殖主要用于新品种选育等科研活动，尽管荷兰、日本等国已经开始使用种子繁殖的方式进行生产。

一、匍匐茎繁殖法

　　匍匐茎繁殖（图5-1）是草莓生产上最常用的繁殖方法，将匍匐茎上形成的秧苗切离即可形成一株新苗。匍匐茎繁殖方法简单，容易管理。匍匐茎苗能保持品种的特性，并且根系发达、生长迅速，秋季定植，当年冬季或第二年就能开花结果。

| (a) | (b) |

图5-1　草莓匍匐茎繁苗

　　匍匐茎一般在坐果后期开始发生，但因品种、地区和栽培方法而异。一般早熟品种匍匐茎发生早；南部及中部地区比北方地区匍匐茎发生早；露地栽培在果实开始成熟期发生，温室和大棚栽培时在开花结果期间可以不断产生。匍匐茎发生量和繁苗系数主要受品种、植株低温积累量及营养条件影响。植株低温积累量多、母株健壮，则产生的匍匐茎苗多。‘哈尼’‘甜查理’繁苗系数高，而‘章姬’‘幸香’等品种相对较低。

　　匍匐茎繁殖法主要在专用繁殖圃进行，用脱毒组培原种苗或健壮的匍匐茎苗作母株生产扩繁良种苗。选择专用繁苗田，要求选用排灌方便、土壤肥力较高、光照良好的地块，未种过草莓或已轮作过其他作物的地块为佳。母株定植时期主要依当地气温而定，在土壤化冻之后、草莓萌芽之前的时期最好，一般在3月中下旬至4月上旬，此时草莓苗的生理活动正处在由休眠期进入萌动期，未进入旺盛活动期，这时移栽成活率和繁苗系数高。如果母株采用组培穴盘苗，定植时间要稍推迟，因为这时气温和地温均较高，但有利于刚从温室等较高温度条件取出的穴盘苗的生长发育。不要用温室或大棚结过果的苗作母株繁殖。

　　根据各品种分生匍匐茎能力的不同，栽植密度应保证每株原种母株有 0.8～1.0m² 的繁殖面积，通常栽植株行距为（0.5～1.0）m ×（1.0～1.2）m。栽植深度以"上不埋心，下不露根"为宜，不要栽得过深埋住苗心，以防引发秧苗腐烂；也不要栽得太浅，如果新茎外露，易引起秧苗干枯。

定植后要注意母株的肥水管理，母株现蕾后要摘除全部花序，减少养分消耗，促进植株营养生长，及早抽生大量匍匐茎。匍匐茎抽生后，将匍匐茎向畦面均匀摆开，压住幼苗茎部，促使节上幼苗生根。为了保证匍匐茎苗生长健壮，一般一株母株可以繁殖30～50株的壮苗，过多的匍匐茎及后期发生的匍匐茎应及时摘除。

二、组织培养繁殖法

草莓组织培养繁殖（图5-2）生产上均采用茎尖外植体，一方面可以在短时间内快速大量繁殖优良新品种，加快其推广应用；另一方面可以获得草莓脱毒苗，并可保持品种的优良性状。组培原种苗作母株比田间普通生产苗作母株生长更健壮、繁殖的匍匐茎苗更多，繁殖后代生长势强、产量高。

（a）　　　　　　　　　　　　（b）

图5-2　草莓组培脱毒种苗生产

草莓由于长期连作，病毒侵染较严重，造成植株矮化、长势衰退、产量下降，严重危害草莓生产。调查表明在我国老产区草莓感染病毒较重，危害草莓的4种主要病毒是草莓斑驳病毒、草莓皱缩病毒、草莓轻性黄边病毒、草莓镶脉病毒。目前发达国家已基本上实现了无病毒苗供应生产。草莓脱除病毒有微茎尖培养、热处理等多种方法。

草莓茎尖组织培养主要操作过程如下。

（一）消毒接种

从田间选择纯正无病虫害、带茎尖生长点的葡匐茎茎段，用流水冲洗 0.5h，在超净工作台中用 70％乙醇浸泡 30s，转入 0.1％升汞中浸泡 8～10min，并不断摇动，然后用无菌水冲洗 5～6 次。无菌条件下剥去茎尖外苞叶及茸毛，剥取 0.2～0.5mm 茎尖接种于培养基上。茎尖越小脱毒率越高，0.2mm 茎尖脱毒率可达 100％，但实际操作比较困难。因此，生产上一般采用 0.5～1.0mm 茎尖接种，但不能达到完全脱毒。草莓茎尖培养可采用 MS 培养基，附加苄基腺嘌呤（BA）0.5mg/L、蔗糖 30g/L、琼脂 5～7g/L，pH 5.8。接种后将玻璃瓶放在培养室中培养，室温 25～26℃，每天光照12～14h，光强 2500～3000lx。

（二）继代扩繁

经过 30d 左右的培养，产生高约 2.5～3cm 的小芽丛苗。可将芽丛进行切割，每 3～4 株为 1 丛，每瓶 3～4 个芽丛，接种于增殖培养基上，进行增殖培养。以后每隔 25～30 d 继代一次，继代时间不应超过 2 年。

（三）生根培养

当瓶内苗增殖达到需要的数量时，将芽丛分成单株，每株应达到 2～3 片叶，放置在生根培养基中进行瓶内生根。生根培养基可用 1/2 MS 基本培养基附加吲哚乙酸（IBA）0.2～0.3mg/L、蔗糖15～20mg/L、琼脂 5～7g/L，pH5.8。无根苗在生根培养基上生长15～30d 即可生根，当生有 3～4 条根，根长度达到 0.5cm 时，即可转入温室扦插驯化。

（四）扦插驯化

在培养室中打开生根瓶瓶口 1～2d，可先开小口，到最后将瓶口完全打开，使瓶内幼苗逐渐适应外界环境。用镊子夹住草莓苗从培养瓶中轻轻拉出，洗去培养基，放入加有水的容器内防萎缩。在温室中扦插于沙床或者穴盘。扦插时根须全部插入，但要露出生长点，并搭小拱覆膜保温保湿。每天或隔天浇水，保持土壤基质含水量 70%～80%。

（五）栽入穴盘

扦插于沙床的试管苗约 20～30 d 后可以生根，然后移栽入穴盘。营养土可由草炭、珍珠岩和园土各 1/3 混匀配制而成。穴盘苗经过 2 个月后可培养出具有 4 片以上的新叶、根长达到 5cm 以上且不少于 5 条的原种苗。原种苗可以用于销售或定植于田间作母株繁殖生产用苗。

三、新茎分株繁殖法

新茎分株繁殖是将老株分成若干株带根的新茎苗，又称分墩法、分蘖法。对不发生匍匐茎或萌发能力低的品种，可进行分株繁殖。另外，对刚引种的植株由于株数不够也可进行新茎分株繁殖。一般是 7～8 月老株地上部每个新茎有 5～8 片叶时，将老株挖出，剪除老的根状茎，将 1～2 年生的新根状茎分离，这些根状茎下部有健壮不定根，没有根的苗可先扦插生根后定植。分株法的繁殖系数较低，一般一墩母株只能得到 3～4 株达到栽植标准的营养苗。分株繁殖不需要专门的繁殖圃，但分株造成的伤口较大，容易引起病害，栽植后应加强管理。

四、种子播种繁殖法

种子繁殖是有性繁殖，用种子播种长出来的实生苗会产生很大变异，主要用于科研选育新品种，生产上不能采用。但荷兰育种者利用多代自交系培育出的四季草莓品种'Elan'是用种子繁殖的品种，一年内任意时间都可播种，可以用于生产，播种后 5～8 个月即可采收。种子繁殖的草莓苗根系发达、生长旺盛。

草莓种子的采集应选择成熟的果实，用刀片削下带种子的果面，贴在纸上，阴干后捻下种子。将种子装入纸袋，写上采取日期和品种名称，放在阴凉干燥处保存。草莓种子的发芽力在室温条件下可保持2~3年，种子没有明显的休眠期，因此可以随时播种。播种前对种子进行层积处理1个月，可提高发芽率和发芽整齐度。因草莓种子小，播种后只需稍加覆土、不见种子即可。

第二节　有机草莓的育苗

在日光温室、塑料大棚等保护地栽培形式中，为了培育优质壮苗及提早花芽分化，常采用营养钵、穴盘、假植、夜冷短日处理等育苗措施。目前生产上主要应用下列育苗措施。

一、营养钵育苗

营养钵育苗（图5-3）是日本生产上普遍应用的育苗方法，在我国应用还很少。采用疏松、透气、有机质含量高、保水力强的营养基质，将具2~3片展开叶的幼苗假植在直径10~12cm、高10~12cm的塑料钵内，育成具5~6片开展叶、茎粗1.2cm以上的壮苗。钵育苗由于肥水易控制，植株不易徒长，定植时伤根少，缓苗时间短。因此，这一方法不仅使草莓花芽分化早，而且草莓产量高，温室栽培能使收获期提前。还可用营养钵引压获得钵苗，具体做法是在匍匐茎大量发生时，在母株周围埋入装有营养基质的塑料营养钵，将匍匐茎上的幼苗压埋入营养基质中，经常保持营养钵中的湿度，以利匍匐茎发根，一条匍匐茎上可以不断引压多株幼苗，生根长到一定阶段时即可剪离形成多株单独的营养钵苗。

（a）   （b）

图5-3　草莓田间营养钵育苗

二、穴盘育苗

穴盘育苗（图5-4、图5-5）比营养钵育苗操作管理方便，现在应用较多。穴盘育苗做法有多种，一种与营养钵育苗类似，只是将育苗容器换成了穴盘。可在母株一侧放置装有营养基质的穴盘，将匍匐茎苗引压入基质中。另外一种常用的方法是在棚内高架上直接将匍匐茎苗引压入穴盘基质中，可在定植前剪断匍匐茎，或者等匍匐茎苗长到一定大小后剪断培育。可将草莓母株成行栽种，在母株的一侧摆放装满基质的繁苗穴盘。这样，穴盘苗离开地面，大大减少了病虫侵染，对有机草莓栽培非常有利。在母株一侧放置装有营养基质的育苗槽也是生产上一种常用的方法，管理与前述方法类似。

（a）   （b）

图5-4　草莓田间穴盘育苗

（a）　　　　　　　　　　（b）

图5-5　草莓高架穴盘育苗

三、高架采苗育苗

　　高架采苗（图5-6）是在棚内建立育苗高架槽，高约1.8～2m，草莓母株种植在种植槽内，匍匐茎悬垂在空中。一般每株草莓母株可以抽生6～10条匍匐茎，每一条匍匐茎均可形成几棵匍匐茎苗。当匍匐茎苗达到一定数量后，集中剪下繁殖茎，然后栽植到穴盘里，进行集中采苗、集中栽苗，降低了劳动成本和病虫侵染机会。

图5-6　草莓高架采苗

四、假植育苗

　　将子株从草莓母株上切下，移植到事先准备好的苗床或营养钵内进行临时非生产性定植,称为假植。假植育苗(图5-7)是培育壮苗、提早花芽分化、增加产量的一项有效措施,假植植株可提高光合效率、增加根茎中的贮藏养分。假植主要是可以得到中期生长健壮、一致的植株。东北地区一般在7月上中旬~8月初进行。选取品种纯正、生长健壮的秧苗,距子株苗两侧各1~2cm处将匍匐茎剪断,使子株苗与母株苗分离,放入盛有水的塑料盆内,只浸根,准备假植。按(10~15)cm×15cm株行距,尽量在低温或阴雨天移栽,移栽后喷水遮阳。假植圃应选择离生产大棚近的地块。不宜过多施肥,特别应控制氮肥的使用,但要求土壤疏松透气、有机质含量高、排灌方便。

图5-7 草莓假植育苗　　　图5-8 草莓高山育苗

五、高山育苗

又称高寒地育苗(图5-8),在海拔800m以上的高寒地进行苗木繁育。由于高山气温较低,温差较大,草莓提早花芽分化,能避开7~8月高温对草莓苗生长的不利影响,减少病虫害,提高草莓苗质量。因此,可以在有条件的地区选用。一般海拔每升高100m,气温降低0.6℃,在海拔800m处育苗,可比平地降温1.5~4℃,海拔越高降温越明显。越是生产地在暖地,高山育苗的效果越好。高山育苗中低温条件比短日照更为重要，低温时间不足会导致开花不结果。苗圃选择在海拔 800 m 以上的半山区山间盆地，9～10 月平均气温 18～22℃、最低气温 15℃左右最适宜。具体方法：一般 7 月上旬采苗假植，培育成充实子苗，8 月中旬上山，在山上假植地施少量基肥或不施，9 月中旬下山定植；也可在 7 月上中旬直接采苗上高山假植，8 月中旬前进行以氮肥为主的肥培，8 月中旬后断肥，9 月中旬下山定植。

六、短日夜冷育苗

短日夜冷育苗（图 5-9、图 5-10）是使草莓植株白天接受自然光照进行光合作用，夜间采用低温处理，并缩短日照时间，促进其花芽分化。将苗盆栽，夜间置于冷库中进行低温处理，但在生产上育苗时比较麻烦。近来发展为利用冷冻机在管架大棚顶端进行低温处理，并利用推拉可移动式的多层架床繁苗，架床上放置营养钵苗，较为方便。这种方法比常规育苗可提前花芽分化 2～3 周以上。短日夜冷处理一般在 8 月中旬开始，处理 20d。每天下午 16：30 推进室内，晚上 20：30 降温至 16℃，第二天早晨 5：30 降温至 10℃，上午 8：30 再升温至 16℃，9：00 出库。15～20d 后，基本上都能达到分化初期。

（a）　　　　　　　　　　　　　　（b）

图5-9　草莓短日夜冷处理（大棚内制冷处理）

（a）　　　　　　　　　　　　（b）

图5-10　草莓短日夜冷处理（冷库中处理）

七、冷藏育苗

　　为诱导花芽分化，8月上旬将健壮子株置于10℃黑暗条件下20d。诱导结束后，立即定植子株。冷藏苗标准为5片以上展开叶，根茎粗1.2cm以上。方法是起苗后将根土洗净，摘除老叶，仅留3片展开叶，装入铺有报纸的塑料箱内放入冷库中。在入库和出库前将苗放在20℃的环境中各炼苗1d。运用冷藏育苗可提早栽培草莓收获期。

　　冷藏育苗还有一种目的是进行抑制栽培，即将花芽分化完成的壮苗捆成捆，放置在-2～0℃的低温下的冷库中，长期贮藏。根据收获时间确定定植日期，可以进行延迟栽培。

第六章

有机草莓栽培技术

草莓为矮棵果树作物，除露地栽培外，非常适合于设施栽培。人们对草莓花芽分化及休眠特性的研究表明，草莓无疑是最理想的设施果树种类之一，适于多种形式的设施栽培。近年来，日本设施草莓栽培面积占总面积的85％以上，而设施栽培中标准化现代塑料大棚形式占95％以上。我国地域辽阔，各地因地制宜，利用多种多样的资材，地膜覆盖、小拱棚、中拱棚、塑料大棚、日光温室等多种形式并存，进行早熟栽培、半促成栽培、促成栽培，使草莓采收期不同程度提前，改善了露地集中上市的突出问题，减少了损失，大大提高了产量和经济效益，并满足了需时供应，从11月到翌年6月都有新鲜草莓上市。同时，通过应用四季草莓和抑制栽培的方式可部分满足7～10月份的鲜果供应。因此，草莓基本可以做到周年供应，给生产者带来可观的经济效益。但草莓立体栽培在我国仍处于初步阶段，在生产上应用面积还很少。

草莓种植年限延长会导致设施中土壤连作障碍的发生，给草莓生产带来较大损失。草莓温室立体栽培（图6-1）是相对于草莓大田栽培模式而言的，是在保障草莓生产所需的土壤、肥力、日照、水分和温度等条件下，利用阶梯或层叠等方式，在单位面积中种植更多草莓，从而达到提高单位产出、节省土地、清洁生产、便于管理等目的的草莓栽培模式。

（a）

（b）

图6-1　草莓温室立体栽培

第一节　露地栽培技术

露地栽培（图6-2）是草莓在露地自然条件下进行生长发育、解除休眠、开花结果的一种最简单的栽培方式。其优点是栽培管理省工、省力、成本低、便于规模化经营，缺点是易受不良环境条件影响、成熟上市时间集中、价格低，并且上市时往往由于高温果实易腐烂，需要尽快销售。20世纪80年代以前，我国草莓栽培以露地为主，露地草莓主要用于鲜食。而80年代以后，我国南方露地草莓主要鲜食，北方地区露地栽培则主要用于加工，加工生产基地要尽量靠近加工厂，以便于尽快运输、销售和加工。

（a）草莓露地鲜食栽培　　　　　　（b）草莓露地地毯式加工栽培

图6-2　草莓露地栽培

一、选地

有机草莓露地栽培，对土壤、空气、水源及周边的环境都有严格的要求。首先，要严格选择环境、空气、土壤无污染的地块种植，远离各种污染源。其次，露地栽培还宜选择地势较高、地面平坦、土质疏松、土壤肥沃、酸碱适宜、排灌方便、日照充足、通风良好的园地。较严重的盐碱地不适合种草莓，往往造成叶片黄化、植株生长发育不良。草莓较不耐贮运，并且露地草莓上市时往往是高温季节，果实易腐烂。因此露地栽培对采收和销售时间要求较严格，应该选交通方便、附近具有冷藏和加工条件的地方种植。选择时还要注意前茬作物，一般前茬以蔬菜、豆类、小麦较好。

草莓地连作3～5年以上，草莓产量会大大降低，生长势减弱，重茬现象较严重。多年重茬或有共同病害的前茬地，必须经过土壤改良、消毒才可种植草莓。生产者还可以使用表1-1中的土壤培肥和改良物质，来恢复土壤肥力。但应明确来源、制作工艺、生产原料和保证产品质量的稳定，在原物质中不能添加任何化学合成的肥料、不稳定元素、各类激素、抗生素、杀虫剂、杀菌剂、致病微生物、重金属及其他有毒有害物质和性质不明物质。

二、施肥

有机草莓生产时，需通过适当的耕作与栽培措施维持和提高土壤肥力，可以采用种植豆科植物、免耕或土地休闲等措施进行土壤肥力的恢复。草莓为浆果作物，需肥需水量大，尤其在结果期。当无法满足草莓生长需求时，可施用有机肥以维持和提高土壤的肥力、土壤生物活性和保持营养平衡，同时应避免过度施用有机肥，造成环境污染。定植前需施基肥，基肥要一次施足，因为栽植密度大，生长期补肥较为不便。基肥以有机肥为主，可以配合使用一些不经化学处理的矿质肥料，一般亩施腐熟有机肥5000kg。有机肥应当进行充分腐熟和无害化处理，并不与植物食用部分接触。若需要外购有机肥，应经认证机构许可后使用。草莓是浅根性植物，底肥全层施用在30cm耕层土壤中有利于草莓吸收利用。有机肥富含有机营养物质，可以提供给草莓营养生长和生殖生长所需的各种营养（包含多种微量元素），改良土壤理化性质，包括畜禽粪、饼肥、绿肥等，施用时一定要彻底腐熟，否则高温发酵产生的有毒氨气会伤害草莓。有机肥是有机草莓生产的主要肥料，与化学肥料的最大区别是来源不同。有机肥来源于自然界，有机草莓生产允许使用；化学肥料来源于人工合成，有机草莓生产严禁使用。有机草莓生产还可使用生物肥料，为使堆肥充分腐熟，可在堆制过程中添加来自于自然界的微生物，但不应使用转基因生物及其产品。

草莓是喜肥作物，为保证生育期内不脱肥，在施足基肥的基础上，还应适时适量追肥。根外追肥方法简单易行，肥料用量少、吸收利用快，对草莓保花保果、促进果实发育、改善品质效果明显。还对矫治缺素症、提高肥效（避免土壤化学或生物固定）起着重要的作用。但根外追肥作用时间短，只能起辅助作用，不能完全替代土壤施肥。如用沼液与水1∶1稀释进行喷施。追肥应采取少量多次的原则，及时补充草莓所需的各种养分。施肥量和次数依土壤肥力和植株生长发育状况而定。追肥一般是在草莓开始生长期、采收期、花芽分化等时期稍提前的一段时间进行。草莓叶面积较大，叶片具有较强的吸肥能力，施用叶面肥效果也比较明显。草莓叶面喷肥是草莓园肥水管理中的重要措施，叶面喷肥不仅节约肥料，而且发挥肥效快。叶面喷肥宜在傍晚叶片潮湿时进行，以喷叶背面为主。

三、整地

目前我国南北均采用高垄栽培，吉林等少数地方采用低畦栽培。主要需考虑浇水问题，草莓不适于大水漫灌，否则易导致病害的大发生。高垄栽培主要用滴灌进行浇水，但有很多地方仍进行沟灌，需要注意沟灌水尽量不要漫过植株。

作南北向垄，采用小垄双行，垄宽55～60cm，沟宽25～30cm，垄高25～30cm（图6-3）。

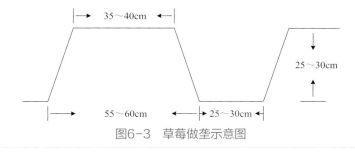

图6-3　草莓做垄示意图

四、定植

在生产上春、秋两季均可栽植。为了在短期内取得草莓高产，不同地区应根据当地气候条件选择适宜的栽植期。北方地区秋植一般在8月下旬至9月上旬，以秋季气温在15～25℃时为宜。此时，多数秧苗能达到所要求的定植标准，温度较低，缓苗快，成活率高。南方地区秋植一般在10月上中旬为宜。在定植前最好先进行假植，以使其顺利度过适应期，从而提高秧苗定植的成活率。为确保秧苗成活，应尽量选择阴天、小雨天、低温时间栽苗，切忌在高温、阳光暴晒的天气栽苗。

栽植密度一般视土壤肥瘠、品种特性、植株大小、定植时间等因素而定，一般每亩定植8000～12000株。北方地区高垄栽植，一般定植密度为每垄2行，株距15～18cm，每亩定植9000～11000株。而传统的平畦栽植一般株行距为20cm×（20～25）cm，每畦3～4行，每亩定植10000株左右。南方普遍采用行距25～30cm，株距一般为16～20cm。

定植时，按照既定距离，先在疏松的地面挖穴，将植株根系舒展穴中，使根与土壤结合，填土压实，距离均匀。栽植深浅是成活的关键，合理的深度应使根茎与地面平齐，做到"深不埋心、浅不露根"（图6-4）。栽植后马上浇水，尽量做到边栽苗边浇水。栽苗时根据花序均从苗的弓背抽生的原理，可以采用定向栽植的方法，使全行花序朝向同一方向，以便垫果和采收。因此，高垄或高畦栽植时，弓背应朝向外侧，这样果子全部挂在畦沟一面，不仅采收管理方便，还可减少病虫对果实的危害。平畦栽植时，花序应朝向畦里，避免花序伸到畦梗上，作业时被踩坏。尤其在观光采摘地块实行定向栽植，既美观又避免了人为踩踏果实。

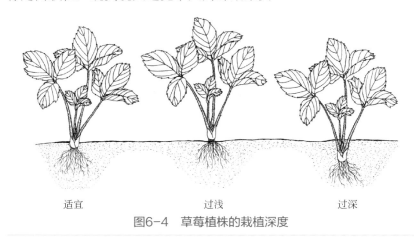

适宜　　　　　　　　过浅　　　　　　　　过深

图6-4　草莓植株的栽植深度

五、中耕除草

露地栽植草莓缓苗后，要及时进行一次中耕除草，通常在浇水稍干后进行，这样省工省力，但要注意避免伤害草莓须根和保持起垄的高度和形状不变，可以用小锄头松土与手拔草结合耕作，避免伤根。中耕除草可以达到疏松土壤的目的，增加了土壤透气性，促进有机质的分解，加快根系的呼吸作用和吸收作用，并切断了土壤毛细管，减少了蒸腾作用。土壤除草中耕一般为浅中耕，深度在 5cm 左右，小苗和弱苗宜浅中耕，大苗和旺长苗可以深中耕。我国南方露地栽培的草莓主要用于鲜食，在中耕除草后一般应及时覆盖黑色地膜，以避免杂草滋生，并起到垫果减少病虫害的作用。我国北方地区除黑龙江、内蒙古自治区、吉林等地露地草莓用于鲜食而采用覆盖地膜外，辽宁、山东、河北等地多数用于加工生产，采用地毯式栽植，因此这种栽培方式在中耕除草时还需要进行培土，尤其对多年一栽制的地块要经常松土、培土，以促使植株多生根。

六、水分管理

草莓不抗旱也不耐涝，根系多分布在 30cm 以内的土层中，所以草莓栽培必须选择旱能浇、涝能排的地块。草莓一生需水量大，不同生长发育期对水分的要求不同。草莓灌溉时期应根据草莓需水和土壤含水情况而定，一般有以下几个时期：

① 定植后，必须马上浇水，使草莓植株根系与土壤密切结合，保证植株成活，提高成活率。

② 春季各地温度升高，草莓植株开始生长，要保证水的供应，植株才能旺盛生长。

③ 开花结果期，是草莓需要水分最多的时期，为了获得草莓丰产，必须保证水的供应。此期正值北方降水量最少，而且风多，是全年土壤最干燥的季节，也是草莓盛花期和果实膨大期，适时灌

水特别重要。

④ 每次采收后立即灌水，既有利于浆果增大生长，提高产量，又可避免采果前灌水妨碍采收。

⑤ 土壤上冻前，为使草莓安全过冬，应灌一次封冻水。

⑥ 对多年一栽制园地，草莓植株还需要继续利用，在割除老叶后，应立即灌水，以促使植株生长和匍匐茎繁殖。

传统的沟灌方法易导致田间湿度过大，采用滴灌技术可节约用水。滴灌既能较好保持土壤疏松透气，还能控制病害蔓延，同时有利于中后期控水和花芽分化。一般花芽分化期田间含水量约60%，开花期70%，果实膨大成熟期为80%为宜，否则果个小，成熟变红太快。沈阳地区9～10月是植株积累营养进行花芽分化的时期，要避免浇水过多。栽培草莓要保持较大湿度，但并不是越大越好，要适度，因为土壤水分过多会导致果实及根部发生病害，雨季要注意排水。沈阳地区6月中下旬～8月降雨量比较集中，要及时排水。

七、植株管理

及时摘除老叶、病叶、残叶，并将其销毁或深埋。从中心叶向外数3～5片叶的光合效率最高，每株留5～7片功能叶即可。匍匐茎消耗母株营养，降低产量，在开始开花至果实采收结束摘除匍匐茎是一项重要管理措施。对于多年一栽的草莓植株经常萌发的侧芽和接近地表的弱芽，通常只保留1～3个发育充实的侧芽，多余的分蘖和弱芽应随时除去。多年一栽制草莓园，还需于果实采后割除地上部分的老叶，以减少匍匐茎发生，增加花芽数量，提高翌年产量。

草莓以先开放的低级序花结果好，因此，应将高级序上的无效花疏除。一般每株草莓有2～3个花序，每个花序上有7～20朵花。摘除后期未开的花蕾和级序高的花蕾、小果及畸形果。草莓地最好用地膜覆盖代替垫果，也可用切碎的稻草、麦秸铺于植株周围。

八、果实采收

草莓果实成熟后要及时采收，采收过晚，很容易腐烂，还会影响其他未熟果的膨大成熟，从而影响产量，甚至很容易引发病害。每隔 1～2d 采摘 1 次，采收期一般可延续 1 个月。采收应在早晨露水已干至午间高温未到以前，或在傍晚气温下降到凉爽时进行，因为早晨果面附着露水或中午、下午果实温度太高容易造成果实腐烂。果实摘下后要立即放在阴凉通风处，使之迅速散热降温。有条件的可放置于低温库预冷处理。采收草莓必须注意轻拿、轻摘、轻放。采摘时用大拇指和食指拽住并掐断果柄，不要硬揪硬拉，更不能用手握住果实硬拉，以免损伤果实。摘果时要带 1～2cm 的果柄，但不宜留太长，否则果柄会相互划伤果实。要将畸形果、烂果、虫果挑出另行处理，以免影响果实质量，特别是烂果一定不要随意丢弃在田间，以免加重病虫感染。

九、冬季防寒

草莓在北方地区一般不能露地安全越冬，越冬防寒能有效保证植株不受冻害、保持绿叶、翌年早春萌动及高产。覆盖物可用稻草、玉米秸、树叶、腐熟马粪，庭院栽植少量植株时甚至可以培土防寒，效果很好。覆盖一般在灌封冻水之后、土壤刚要结冻时进行。覆盖厚度 5～10cm。覆盖前，先浇一遍封冻水，等表层土壤基本干后覆盖地膜，之后覆盖稻草等覆盖物，要求覆盖均匀、压实、不漏空隙。沈阳地区一般在 11 月初防寒。

早春当平均气温高于 0℃时即可撤除防寒物，并清扫地表，松土保墒，促进植株生长。在春季有晚霜危害的地区可适当延迟撤除防寒物，以防植株受冻。沈阳地区一般在 3 月底～4 月初撤防寒物。积雪多的地方要注意及时排放化掉的雪水，以免产生涝害。

十、病虫害防治

病害主要有灰霉病和白粉病等，虫害主要有蚜虫、红蜘蛛等。有机草莓的生产对农药的使用有严格的要求，在果实采收期更是严禁使用。有机草莓与常规草莓的生产，不仅是理念上的不同，在生产操作上也存在差异，重要的区别之一就是病虫害控制的途径、方法上的不同（详见第七章）。

第二节　塑料大棚栽培技术

塑料大棚栽培草莓具有上市早、供应期长、产量高、商品性好、经济效益高的优势（见图6-5）。塑料大棚可以进行促成栽培（南方）和半促成栽培（北方和南方）。塑料大棚进行草莓的半促成栽培可使果实在2~4月份上市，比露地栽培提早1~2个月；促成栽培可以使果实上市期提前到12月下旬，采收期长达5~6个月，使草莓成为淡季水果市场供应的珍品。

塑料大棚分为有支柱和无支柱形式，这两种结构形式在生产上运用均较广泛，钢筋骨架结构的通常无支柱，竹木结构的通常有支柱，用水泥柱或木头柱支撑。塑料大棚根据场地、材料等决定大小。选择土壤墒情适宜且有灌水条件的平整土地，大棚纵向以南北为佳。棚宽为8m时棚内顺棚纵向栽植草莓8垄，大棚长度不限。拱棚内顺纵向立5排支柱，中支柱距地面高1.8m，距中支柱横向两侧间距1.7m立中侧支柱，中侧支柱高1.7m，再距中侧支柱1.7m立边侧支柱，边侧支柱高1.4m。立柱之上钉竹皮弧形弯插两边。纵向拱杆间距1m，大棚竹弓弧面尽量达到整体平齐。每亩早春大拱棚造价2500元左右，其中棚膜可用二年，竹木可用三年以上。北方地区在覆盖地膜后应再盖一层稻草防寒，于1月下旬撤去防寒草，覆盖上大棚塑料膜，在每一架拱杆之间拉绳压实，防止风雪破坏。

（a）　　　　　　　　　　　（b）

（c）　　　　　　　　　　　（d）

图6-5　草莓塑料大棚栽培

一、塑料大棚半促成栽培

　　草莓的塑料大棚半促成栽培在北方地区应用较普遍。半促成栽培是对基本通过自然休眠或通过人为措施打破休眠的草莓植株采取保温或增温措施，以促进开花结果提早上市的栽培方法。草莓塑料大棚半促成栽培的育苗定植、土肥水管理和植株管理等与露地栽培基本相同。主要技术要点包括：

（一）品种选择

塑料大棚半促成栽培草莓通常选用生长势强、坐果率高、耐寒、耐阴、抗白粉病、品质优、果形大、果色艳丽和深休眠的品种，如'红颜''甜查理''丰香''章姬''幸香''佐贺清香''枥乙女''全明星''哈尼''玛丽亚''达塞莱克特''宝交早生'等。定植时应达到壮苗标准，即叶片大而厚，叶柄粗，展开叶 4 片以上，新茎粗 1cm 以上，根须多而白，单株重 25～35g。

（二）整地定植

定植前做好整地施肥工作。大棚半促成栽培比露地栽培采收早、产量高，因此，除秧苗标准要求较高之外，施足优质基肥非常重要。在施足基肥的情况下，不必再进行或少进行土壤追肥。根据棚向作长垄，垄宽 85～95cm，垄高 30～40cm。定植时期宜在 9 月上旬前后。采用繁殖圃秧苗可高垄密植，以提高产量。采用大垄双行，定植株行距约为（15～20）cm×（20～25）cm，每亩一般栽植 1.0万～1.2 万株。若采用假植苗，密度宜适当减小，每亩不宜超过 1 万株。

（三）扣棚保温

草莓大棚半促成栽培要求在满足解除植株自然休眠所需低温积累量时，及时扣棚保温，以便尽量早结果、早上市。对低温积累量需求多的品种，扣棚过早因没有满足休眠所需低温积累量而易使植株生长矮小；对低温积累量需求少的品种，扣棚过晚则因低温时间过长而易使植株生长过旺。通常开始保温期在 11～12 月，此时及时在地面上覆盖黑地膜，不但可以保温保湿，还可以减少杂草生长。北方地区在覆盖地膜后应再盖一层稻草防寒，于 1 月下旬撤去防寒草。

（四）植株管理

在果实采收期间，应进行植株整理，及时摘除匍匐茎、老叶、病叶、病果等，改善通风透光条件，增加光合产物积累，提高后期果实产量和品质。

（五）棚内管理

温度管理是大棚草莓生产管理的关键。休眠期时要尽量提高地温，使 10cm 深的土层温度在 2℃ 以上，以促进根系生长活动；萌芽展叶期要控制气温在 15～25℃，不得出现 -2℃ 以下低温；开花坐果期控制在 20～28℃，不得出现 5℃ 以下低温；果实发育期要控制在 10～28℃；棚内气温 30℃ 以上时应注意及时通风。

湿度管理是满足草莓生理需要和减少病虫害的重要环节。温室内空气相对湿度以 70% 以下为宜，湿度过大要及时通风。观察植株和棚内空间，早晨揭帘时植株叶片有吐水现象、棚内没有雾气为好，叶片没有"吐水"可能土壤缺水，棚内雾大可能土壤偏涝。花期放蜂辅助授粉。进入开花结果期应保持较低湿度，以利于开花授粉和防止病害发生。果实发育期应特别注意保持土壤湿润，有条件的地方最好使用滴灌。

（六）病虫害防治

病害主要有灰霉病和白粉病等，虫害主要有蚜虫、红蜘蛛等。有机草莓的生产对农药的使用有严格的要求，在果实采收期更是严禁使用。有机草莓与常规草莓的生产，不仅是理念上的不同，在生产操作上也存在差异，重要的区别之一就是病虫害控制的途径、方法上的不同（详见第七章）。

二、塑料大棚促成栽培

草莓促成栽培是采取措施诱导花芽分化，防止植株休眠，促进植株生长发育，提早开花结果，从而提高经济效益。塑料大棚促成栽培在南方地区应用较多。草莓促成栽培最关键的措施是促花育苗和抑制休眠，其他方面则以半促成栽培为基础。

（一）品种选择

促成栽培草莓品种应选择休眠浅、可多次发生花序的优质、高产品种，还应根据果品销售市场距离的远近、生产者技术管理水平等确定品种。我国草莓促成栽培主栽品种有'红颜''丰香''章姬''幸香''佐贺清香''枥乙女'等。

（二）促花育苗

由于保温始期早，开花结果早，要人为创造条件，促进花芽提早分化和发育，保证秧苗整齐健壮。促进花芽分化的主要措施有假植育苗、营养钵育苗、高山育苗等（见前述），各地区可因地制宜地选择应用。在花芽分化早的地区，可不必采取促花育苗。

（三）扣棚时期

覆盖棚膜时间因地理位置和品种不同而异，计划提早上市和休眠浅的品种早扣棚，计划推迟上市和休眠深的品种晚扣棚。扣棚一般在顶花芽开始分化 1 个月后，此时顶花芽分化已完成，第一腋花序正在进行花芽分化。要求扣棚时期既不能使草莓进入休眠，又不会影响腋花芽分化。一般在我国的北方地区可在降几场霜后的 10 月中旬扣棚，南方地区可适期延后。

（四）补充光照

为防止植株矮化，可在设施内安装白炽灯，把每天光照时间延长到 13～16h。通常每亩安装 100W 的白炽灯泡 30～40 个，灯高 1.8m。一般在 12 月初至 2 月上旬进行补光照明，每天日落后照光 4～5h，以补充冬季的光照不足，达到草莓开花结果期需要的长日照时数。灯照补光栽培可显著提高草莓的产量。

（五）植株管理

在果实采收期间，应进行植株管理，及时摘除老叶、病叶、病果等，改善通风透光条件，增加光合产物积累，提高后期果实产量和品质。

（六）病虫害防治

同"塑料大棚半促成栽培"。

第三节　日光温室栽培技术

日光温室栽培（图 6-6）是我国东北、华北草莓的主要栽培形式，是高投入、高产出的栽培形式，鲜果采摘时间长，11 月中旬到翌年 6 月都可采摘，可以满足元旦和春节两大节日市场需求。通常亩产量可达 1500～3000kg，产值可达 3 万～8 万元，经济效益十分可观。日光温室的利用有两种形式，一种是不经人工加温，只利用太阳能来保持室内温度；另一种是除利用太阳能外，还利用加温设备人工加温进行栽培，前一种方式较为普遍。

选择背风向阳、渗透性好、pH 值 5.5～6.5 之间的平整土地，要求有灌水或有打井取水条件。温室长度与跨度应根据地形、面积、方便管理以及降低造价来决定，一般跨度 7～8m，长度 60～80m。日光温室多为竹木结构或钢筋骨架三折式无支柱结构。竹木结构温室造价 1 延长米 100 元左右，棚架可利用 3～4 年；钢筋骨架三折式无支柱温室造价 1 延长米 400 元左右，棚架可利用 15 年以上。温室东西走向，坐北朝南，南偏西 3°～5°。

竹木结构日光温室跨度 7～8m，脊高 2.8～3m。前底角高 0.9m，与地面夹角 80° 左右。前屋面角度 23°～25°，坡中间略凸。后屋面仰角 30°～50°，距后墙 0.8m 立中柱，中柱间距根据后屋椽、檩承压能力大小酌定。前屋面根据拱杆承压能力大小设 2～3 道横梁，根据横梁承压能力大小设横梁下支柱间距。拱杆间距 0.8m，横梁

（a）   （b）

（c）   （d）

图6-6　草莓日光温室栽培

上设小吊柱支撑拱杆，避免薄膜与横梁磨损。

　　钢筋骨架无支柱日光温室跨度 8m，脊高 3.2～3.5m。前底角高 0.8～0.9m，与地面夹角 75°～80°。前屋面角度中部 25°～30°，上部 20°～25°。后屋面仰角 30°～35°。钢筋拱架为两道粗钢筋或钢管之间用细钢筋焊接组成，后屋架长 2m。前屋架根据占地跨度设计长度和坡度，拱架间距 0.8m，拱架下面用 3～4 道钢筋焊连在一起，拱架底端焊连在前角地基上。现在的温室多数都安装了自动卷帘机。

　　日光温室的北墙体厚度在北纬 35°～40°地区应达到 0.8m，在北纬 40 以北地区应达到 1～1.5m，东西山墙可稍薄。后墙高 2m，1m 以下石砌，1m 以上空心砖两层或土打墙，墙体夹心填充稻壳、珍珠岩、苯板等更好。距温室前端 0.7m 挖深 0.5m 宽 0.8m 防寒沟，沟内置放碎草，上盖土压实。保温棚膜选择 PVC 无滴膜为宜，需加盖草帘保温，草帘以稻、麦秆 5cm 以上厚度为宜。寒冷地区还应在草帘下增加纸被防寒，保温纸被采用多层牛皮纸中间夹缝编织袋帘。后墙还可以堆放秸秆、稻草，培土或在山墙外盖搭一层塑料薄膜保温。

一、品种选择

日光温室与塑料大棚促成栽培相似，要求草莓品种果大、品质优、抗白粉病、丰产、耐贮运性强、休眠浅，一般需冷量在 0～200h，如'红颜''甜查理''丰香''章姬''幸香''佐贺清香'等品种。

二、培育壮苗

培育壮苗是有机草莓日光温室丰产栽培的关键。为保证高产稳产，必须选用优质壮苗。培育壮苗可以利用假植育苗、钵育苗等方式达到。壮苗标准为：根系发达，叶柄粗短，成龄叶 4～7 片，新茎粗 0.8cm 以上，花芽分化发育提早，无病虫害。

三、施肥

日光温室有机草莓栽培应使用土壤或基质进行生产，不宜通过营养液栽培的方式生产。日光温室栽培有机草莓要施入足够的基肥，以满足长采收期的肥料供应。一般每亩施入充分腐熟的堆肥 5000kg，配施 50 kg 豆饼。将温室内上茬作物根、草清除，深翻 30～40cm，结合耕翻全层施入无污染、腐熟的优质农家肥。

如果是连作 3 年以上的温室，栽植前还需要消毒。连作后土壤有害病菌迅速增多，严重影响植株生长，导致产量下降。连作年限越长，产量越低。因此，为保证温室稳产、高产，定期进行土壤消毒，是温室草莓生产中不可缺少的技术措施。有机草莓栽培时主要采用太阳能高温消毒法进行土壤消毒。做法是在前茬草莓采收结束后，去掉秧苗，清理地块，平整土地，在夏季炎热季节，每亩施粉碎秸秆等有机物 1000 kg 左右，然后深翻、打碎、起垄、灌水，地面覆盖透明塑料薄膜，盖上棚膜，密闭 15～20d，土壤温度可达 50℃以上，达到消毒目的。

四、整地定植

对于温室内有机草莓生产的土壤再生和循环使用，可以通过施用可生物降解的植物覆盖物（如作物秸秆和干草）来使土壤再生，也可以部分或全部更换温室土壤，被替换的土壤可再用于其他的植物生产活动，但成本较高。作南北向垄，采用大垄双行，垄宽 85～95cm，垄高 30～40cm，株行距约为（15～20）cm×25cm。垄栽可以提高地温，促进生长发育，并减少病害的发生。选阴雨天栽苗，边栽边浇水，浇透。根据品种不同每亩栽植 8000～11000 株，种苗弓背一定朝向垄旁，栽植时"深不埋心，浅不露根"。如果不采用假植育苗，沈阳地区应在 8 月下旬定植，采用假植育苗、钵育苗可在 9 月上中旬定植，以南地区适期延后，以北地区适期提前。

五、温室覆盖

日光温室草莓促成栽培覆盖棚膜时间是外界气温降到 8～10℃时。沈阳地区一般在 10 月上中旬扣棚。覆盖棚膜时间因地理位置和品种不同而异，原则上是计划提早上市和休眠浅的品种早扣棚，计划推迟上市和休眠深的品种晚扣棚。一般在扣棚后要覆盖地膜，这样既可减少土壤水分蒸发降低温室湿度，也可提高土温促进根系生长。

六、温度、肥水及光照管理

草莓生长发育适宜温度是营养生长期25～30℃，开花期28～30℃，果实膨大采收期20～25℃，温度高时要及时通风。生长发育期间最低温度不能低于6℃，北方严冬时节可采取短时间的辅助加温措施。

湿度管理是满足草莓生理需要和减少病虫害的重要环节。土壤持水量要求花芽分化期60%，营养生长期70%，花果期80%。温室内空气相对湿度以70%以下为宜，湿度过大要及时通风。灌水方法以滴灌最好，也可小双行中间浅沟勤灌，不要大水漫灌，否则病害严重并影响作业。观察植株和棚内空间，早晨揭帘时植株叶片有吐水现象、棚内没有雾气为好，叶片没有"吐水"可能土壤缺水，棚内雾大可能土壤偏涝。温室内湿度大、温度低时，易感染灰霉病、白粉病等。

日光温室栽培的品种结果时间长、需肥量大，因此除施足底肥外，还要合理追肥增强苗势、增大果个、提高产量。日光温室内可以使用发酵、制作堆肥和使用压缩气体提高二氧化碳浓度，还可以通过控制温度和光照或使用天然植物生长调节剂调节生长和发育。追肥在叶色变浅（表现脱肥）时进行，可通过滴灌或叶面进行追肥。叶面追肥是将肥料溶于水，直接喷洒到草莓的叶片上，使叶片直接吸收利用营养元素，可以喷施稀沼液或其他发酵有机肥液；滴灌施肥得首先准备一定容积的水池，投入经腐熟发酵的有机肥，再放水制成肥液。肥液要经过2～3级沉淀过滤，以防止堵塞滴头。也可以用沼液代替肥液使用。

温室生产，冬季光照不足，可给草莓适当补光，防止发生植株长势衰弱等问题。温室内可以使用辅助光源，补光方法：60W灯泡离地面 1.5m，约每 3m 一个。前期补光时间每天从傍晚盖帘开始至 22 点止，开花后照至 20 点。补光时期为 12 月中旬（冬至前后）至翌年 2 月末。

七、植株管理

温室冬天密闭不通风，没有自然昆虫传粉，应放养蜜蜂辅助授粉（图 6-7）。在 10% 植株初花时蜜蜂入棚，前期花少时可适量喂糖养蜂。将花序理顺到垄帮和垄沟垫草，有利于着色早熟、减轻病虫危害和便于管理采收。在现蕾期将高级次的小花疏除，在幼果青色期将病果和畸形果疏除，每花序留 2～4 个果实（图 6-8），能增大果个，改善品质，提高产量和商品价格。在果实采收期间，应进行植株整理，及时摘除匍匐茎、老叶、病叶、病果等，并及时采收，改善通风透光条件，提高果实产量和品质，减少病害。

图6-7　草莓蜜蜂授粉　　　图6-8　草莓疏花疏果效果

八、病虫害防治

同"塑料大棚半促成栽培"。

第四节　短日夜冷超促成栽培技术

草莓超促成栽培是在促成栽培的基础上，利用提早育苗方法完成大苗培育，采取短日夜冷育苗、营养钵育苗、假植育苗等措施提早花芽分化，进而比促成栽培更早熟的栽培方式。辽宁地区超促成栽培主要设施为日光温室，采果期可达到从 11 月上旬至翌年 5 月下旬。

一、育苗

育苗时地块选择、施肥与整地参见第五章"有机草莓育苗技术"相关内容。短日夜冷超促成栽培的育苗与促成栽培主要不同之处在于要求较早定植母株和要求营养钵培育壮苗。

辽宁地区需于 3 月上旬将母苗栽到营养钵中，钵大小为 8cm×10cm 或 10cm×10cm，置于温室中培育成大苗，4 月中下旬定植到露地繁苗，或者直接在塑料大棚中于 3 月上旬定植母苗进行育苗，以确保足够的子苗数量和合适的苗龄。选择品种纯正、健壮、无病虫害的植株作为繁殖生产用苗的母株，可使用脱毒无病虫种苗。栽植株行距为 0.25m×（1.5～1.6）m，每亩栽植约 1800 株。栽植深度以"深不埋心，浅不露根"为宜，栽后立即浇透水。定植后保持田间土壤相对湿度在 60% 左右。将匍匐茎向畦面均匀摆开，待子苗即将扎根时，浇水后用湿润土壤压住幼苗基部，促使幼苗生根。经常中耕松土并清除杂草，及时去掉母株的病叶、老叶，若现蕾则要摘除全部花序。要及时防治炭疽病、白粉病、叶斑病、蚜虫、红蜘蛛、地老虎等病虫害。

用营养钵栽植匍匐茎子苗培育壮苗，在 7 月上旬进行。从育苗圃选取二叶一心以上已经生根的健康匍匐茎子苗，将子苗从母株上切下，栽入直径10cm的塑料营养钵中，栽植深度以"深不埋心，浅不露根"为宜。栽植后立即浇透水，进行遮阴，确保快速缓苗和成活。育苗基质为无病虫害、未种植过草莓的肥沃表土，加入一定比例的草炭、腐叶土、腐熟秸秆、山皮土、炭化稻壳等腐殖质，可因地制宜选取，再加入优质腐熟农家肥。育苗基质按表土：腐殖质：肥=5：3：2的比例配制。将栽好的钵苗摆放在苗床上或架床上培养约30～40d。第1周遮阴，适时浇水。栽植成活后每周叶面喷施1次0.2%磷酸二氢钾，并进行病虫害综合防治。及时摘除匍匐茎和枯叶、病叶。育苗末期适当控水控肥，育成具4～5片展开叶、茎粗1.0cm以上、根系发达的壮苗。

二、短日夜冷处理

短日夜冷处理是采用缩短白天自然光照时间、夜间低温处理促进草莓苗花芽分化的措施。通常白天日照长度为8～10h、夜间处理温度为10～15℃，短日夜冷处理时间为15～20d。

（一）冷库短日夜冷处理法

1. 低温冷库准备

按每年处理苗量建造或租用低温冷库，冷库可控温，控温范围5～30℃。利用推拉可移动式的多层套式架床，层间距约40cm，每层架床上放置营养钵苗。对应架床不同直径安装轨道，每天按处理时间要求将载放营养钵苗的架床推入库或拉出库。也可采用将钵苗装入塑料筐中，每天按处理时间要求搬运入库和出库。

2. 处理时间及方法

按上面钵栽育苗方法培育壮苗，夜间置于冷库中进行低温处理。自8月上中旬开始处理15～20d。每天早上6时出库，下午16时入库，给予光照10h以内光照。夜冷处理第1周夜温缓慢降低，前 3d 比室外温度低 2～3℃，之后逐渐下降，3d 内夜温降至 15℃，之后控制在 12～15℃，第 2 周、第 3 周夜温继续逐渐降低，控制在 10～12℃，处理结束前 3d 夜温缓慢上升至 15℃。钵苗土壤基质持水量保持在 60%～70%。入库开始每周喷施一次杀菌剂，防治灰霉病、白粉病。

（二）大棚短日夜冷处理法

1. 搭建拱形塑料大棚

选地势平坦、背风向阳、排水良好、无树木或建筑物挡光的地块搭建拱形塑料大棚，跨度为 7～8 m，高度 2.8 m，长度按处理的苗数和制冷机功率设计。每亩大棚内地面单层能摆放钵苗 5 万～6 万株，棚中留人行操作步道。覆盖大棚的塑料薄膜要求无破损，遮光处理材料可选用防水棉被或双层草帘，要求不透光并在低温处理时保温效果良好。安装自动喷灌系统，要求喷淋均匀。

2. 处理时间及方法

按上面钵栽育苗方法培育壮苗，可将钵苗摆放在搭建的拱形塑料大棚内培养。自 8 月上旬开始处理约 20 d。每天给予光照 10 h，即每天早上 6 时打开棚膜和保温被或草帘，接受日光照射，下午 16 时覆上棚膜和保温被或草帘，启动制冷。夜冷低温处理方法同上文冷库中处理方法。

三、栽培管理

日光温室草莓超促成栽培选择休眠浅、极早熟、连续结果能力强、果大、品质优、抗病、耐贮运的品种，如'红颜''香野''章姬'等。

栽培管理中施肥整地、土壤消毒、定植、生产管理、病虫害防治等内容，可参照本章第三节"日光温室栽培技术"相关内容。

第五节 高海拔冷凉地区夏秋季草莓栽培技术

近年来，我国在高海拔冷凉地区利用四季品种进行夏秋季草莓生产有了较大发展，四季草莓主要用于蛋糕、高端菜品、果盘等的装饰及加工，少量用于鲜食，对满足草莓周年供应有较大意义，经济效益也较好。据统计，2018年全国四季草莓种植面积约3533.3hm^2（5.3万亩），其中云南省四季草莓种植面积约2133.3hm^2（3.2万亩），占全国的2/3，产量占全国的70%以上，目前云南已成为我国四季草莓栽培面积最大的优势产区。云南地处低纬度高海拔地区，高海拔地区夏季气候冷凉，适宜夏秋季草莓生产。以会泽县为例，其平均海拔2200m左右，年平均日照天数为225d，年平均日照时数2100h，年平均气温12.7℃，为四季草莓的生长发育提供了良好的气候条件。目前，云南四季草莓主要分布在曲靖市会泽县，昆明市寻甸县、嵩明县，红河州个旧市，昭通市，楚雄州，文山州等地区（图6-9）。本节着重以云南四季草莓主产区会泽县为例介绍高海拔冷凉地区四季草莓生产技术。

一、品种选择

四季草莓主要用于蛋糕等装饰，要求草莓品种果形端正、颜色鲜艳、香气浓郁，抗病性强、丰产稳产性好，果实耐贮运。目前，我国主栽的四季草莓品种大多来源于美国，如'圣安德瑞斯（San Andreas）''蒙特瑞（Monterey）''波特拉（Portola）''阿尔比（Albion）'等。云南四季草莓主栽品种为'蒙特瑞'，占四季草莓栽培总面积的80%以上；其次为'圣安德瑞斯'，约占14%；'波特拉'约占5%；还有少量的'阿尔比'及部分国产四季草莓品种。

（a）塑料大棚高架栽培第一年结果状　　　（b）塑料大棚地面栽培第一年结果状

（c）塑料大棚地面栽培第二年结果状　　　（d）塑料大棚地面栽培第三年结果状

图6-9　云南塑料大棚四季草莓'蒙特瑞'结果状

二、培育壮苗

培育壮苗是四季草莓丰产稳产的关键。首先需购买纯正优质母苗，高海拔地区育苗地海拔不宜超过 2000 m，然后利用假植育苗、钵育苗等方式得到。壮苗（要求有 4 片以上展开叶，叶色浓绿，叶片厚实，根茎粗 0.8～1.0cm，长 7～8cm 以上须根 10 条以上，苗重 30～35g 以上）。亦可采用冷藏苗进行定植（参见第五章）。

三、整地与定植

高海拔冷凉地区四季草莓生产应选择土质疏松、肥沃的沙壤土地块，要求地块排灌方便，切忌选用土质黏重的地块。地选好后，彻底清除其上残枝、枯叶及杂草，然后进行全面耕翻，耕翻操作应仔细。结合耕翻，清除地下残根，特别是宿根性杂草的根。耕翻深度为25～30cm，最后耙平。耙平后施基肥，每亩施腐熟的农家厩肥3000～3500kg。施肥后，再进行1次耕翻，使肥料与表土混合均匀。南北向作垄，垄面宽40～45cm，垄底宽60～65cm，垄高35～40cm，垄沟宽30cm，垄长一般不超过30m。

塑料大棚四季草莓以春季定植为主，秋季定植为辅。春季定植一般在3月进行，秋季定植一般在9月进行。一般采用双行"三角形"定植，从垄边往内5cm处定植，株距20～25cm，行距25～30cm，每亩定植5500～6000株。定植时弓背朝外，捋直根系，按照"深不埋心，浅不露根"的原则栽植。春季定植的于当年5月份开始采收，当年通常采至12月份；秋季定植的于翌年4月开始采收，当年通常采至12月份。高海拔冷凉地区四季草莓目前采用多年一栽制进行生产，即栽植一次连续生产2～3年。

四、田间管理

一般定植后2h内，要及时浇一遍定根水。栽后第1周，每天浇水1～2次（依天气情况、苗子表现情况增减次数）。缓苗期空气相对湿度控制在80%～85%，幼苗成活后控制在55%～65%，栽后3～4周内只补充清水。一般进入第4～5周后（有2～3片成熟新叶），可考虑追施平衡型水溶肥＋海藻肥（或生物菌肥）1次（每亩施1～1.5kg即可），喷施一次200～300倍的复合有益微生物菌剂。定植3～4周后覆膜，选择内黑外灰的银色膜。

五、植株管理

高海拔冷凉地区四季草莓生产目前采用多年生栽培形式，故植株管理尤为重要。不论春季定植还是秋季定植，定植后的第一批花序需及时摘除，并去除老叶、病叶和葡匐茎。摘除过多、过弱的花序和小花、小果、畸形果、病虫果。顶花序抽生后，每个植株上选留 3～4 个健壮的新芽，其余全部摘除。采果的第二年开始，于每年 9 月中旬（秋分）前对植株进行培土 2～3cm，否则易造成严重的根冠比例失调，导致减产。

六、病虫害防治

四季草莓病害主要有白粉病、炭疽病、根腐病、灰霉病等，虫害主要有红蜘蛛、蓟马、蚜虫、蛴螬等，以物理防治、生物防治和生态防治为主（详见第七章）。

七、采后处理

四季草莓通常果实表面着色达 70% 以上时即可采收，夏季采收宜在上午 8：30～10：30 期间，或在下午 16：00 以后进行。采摘的果实要求果柄短，花萼无损伤，果面无机械损伤。采收后在包装间进行分级包装，将商品果按照果实大小、成熟度分别装盒，一般采用纸盒包装，每盒 500g 左右。

第六节　冷藏延迟栽培技术

抑制栽培是使已完成花芽分化的草莓植株在人工条件下长期处于冷藏被抑制状态，延长其被迫休眠期，并在适期促进其生长发育的栽培方式。植株冷藏是抑制栽培中最关键的环节。抑制栽培可灵活调节采收期，从而在成熟期上补充露地、小拱棚、大棚、日光温室草莓上市时间的空缺，在我国草莓产业中有一定发展空间。目前我国部分地区进行过试栽，也从国外进口冷藏苗进行过抑制栽培。

一、培育壮苗

冷藏苗的质量一定要好，必须根茎粗壮、根系发达。冷藏苗要有足够的花数，入库时最好雌雄蕊已形成，但尚未形成花粉。入库冷藏过早，花数减少而产量降低，且冷藏费用增加；入库过晚，休眠结束后开始生育，易发生冷藏危害；以 2 月中旬入库为好。挖苗一定要认真细致，尽量少伤根。苗掘起后应轻轻抖动，去掉根部泥土。摘除基部叶片，只保留展开叶 2～3 片，以减少贮藏养分的消耗。将苗放入带有透气孔的纸箱或木箱中，每捆 30 株或 40 株，装 2 层，纸箱应具备防潮性能。箱内侧覆一层塑料薄膜，将苗装入后封好，上方经薄膜覆盖后，留有一呼吸透气孔，封盖后，统一装入恒温库。贮藏温度要求 −2～0℃。贮藏温度过高、过低分别会出现烂苗、冻死现象。

二、出库浸根

出库处理方法通常有 2 种，一种是定植的当天早晨出库，立即浸根，下午定植；另一种是前一天傍晚出库，放置一夜，第二天早晨开始浸根，之后定植。生产中多采用前一种。秧苗出库后必须浸根，否则定植成活率低。一般需流水浸根 3h。

三、出库定植

草莓抑制栽培的定植时期随着采收期的早晚而灵活确定。一般来说，出库定植早，温度较高，从定植到采收所需时间短，果小，产量低；出库定植晚，温度较低，从定植到采收所需要时间长，果大，产量高。秧苗出库定植晚，生育期正逢低温季节，需进行大棚覆盖保温。例如 7～8 月出库定植，经过 30 d 左右开始收获；9 月上旬出库定植，45～50d 开始收获；10 月中旬以后定植，11 月中旬开始利用大棚保温可一直收获到翌年 2 月。

四、栽培管理

定植于温室或大棚后的管理，与促成栽培管理基本相同。定植最初时期尽量避免温度太高，以免刚从冷库拿出定植的植株受到较高温度的危害，定植后死苗可及时补苗。

第七节　有机草莓其他栽培技术

一、草莓杂草防除技术

杂草对草莓的干扰作用有两种：一种是竞争作用，另一种是化感作用。竞争作用是指杂草通过争夺环境中的水分、矿质营养及光照等有限的生长资源来阻碍草莓的生长发育；化感作用是指杂草通过其根、茎、叶向环境中分泌、分解或挥发特定化合物来影响草莓的生长发育。在有机草莓生长体系中，因禁止使用任何人工合成的除草剂，所以对杂草的防除应根据杂草与草莓间的相互依存、相互制约的关系，采取人工锄草、栽培管理和生物防治等方法。

二、草莓土壤消毒技术

有机草莓园地土壤消毒，主要依靠热力技术，如土壤暴晒、施肥发酵等。日光土壤消毒对防治草莓黄萎病、芽枯病及线虫等具有较好效果。方法是在草莓收获后 7 月上旬至 8 月初，清除草莓枯苗和杂草，每亩施富含有机质的堆肥2～3t，灌透水后在土壤持水量70%～80%时进行旋耕40cm，用旧塑料膜覆盖地面，同时再将温室和大棚密闭。裸地可跨距3～4m，在地膜上设小拱，再覆盖一层薄膜增温，拱棚顶距地面30～40cm即可。通过太阳能使地表温度升至40℃以上，保持2周以上即能达到消灭杂草和杀灭草莓枯萎病、黄萎病、根结线虫、地老虎等土传病虫的作用。它的主要原理是应用经热灭菌的作用，杀死土中有害生物。

土壤暴晒可以引起土壤中的青霉菌、曲霉菌、木霉菌等有益微生物的种群数量增加，而土传有害生物种群数量降低。土壤暴晒技术有多种，如单膜覆盖、双层膜覆盖、黑色膜覆盖加土壤热水处理、薄膜下土壤施用未腐熟的有机肥（靠有机物的腐熟发酵进一步增温）等。该系列技术在夏季气温较高的地方比较适宜，同时应额外灌溉一定的水，创造土壤湿润的条件。

深翻换土也能起到消毒的作用。在具体操作时根据成本及实施条件而定。

三、秸秆生物反应堆技术

秸秆生物反应堆技术是以秸秆作原料，在微生物菌种、净化剂等的作用下，通过一系列转化，使之转化成植物生长所需的二氧化碳（CO_2）、热量、有机和无机养料，进而实现作物高产、优质和有机生产，提高作物产量和品质的技术。该技术具有成本低、易操作、资源丰富、环保效应显著等特点。秸秆生物反应堆技术在温室、大棚应用较多。可在土壤耕层下铺设秸秆或在棚室内堆积秸秆，并施用腐生生物菌，使秸秆或农家肥在通氧的条件下分解，产生热量、CO_2及释放有机物速效养分，能较好解决长期施用化肥导致的土壤生态恶化、设施内冬春季地温低、土传病害严重、CO_2不足等问题，可提高棚室地温3～4℃、气温1～2℃，冬季增加棚内CO_2浓度4～8倍，大大提高土壤透气性和肥料利用率。应用秸秆生物反应堆技术，可使草莓根系发达、叶片变大、生长健壮、果实变大、产量提高，并能部分解决草莓重茬问题，是一种实用的好技术。

日光温室有机草莓栽培的内置式秸秆反应堆技术主要步骤如下：

（1）挖反应堆沟　按栽培畦行距，挖小行距的槽形沟，沟宽70～80cm、深15～20cm，长度与栽培畦等长。

（2）菌种处理　选用合适菌种，按1kg菌种掺15kg麦麸、13kg水，拌和均匀，堆积3d后使用。

（3）填放秸秆　在沟内铺玉米等农作物秸秆，每条沟约铺20～40kg干秸秆。填平踏实的秸秆厚度为15～30cm，沟两端的秸秆露出高度为10cm。施农家肥于秸秆上，每条沟约施30～50kg。

（4）浇水打孔　浇大水，水面高度达垄高的2/3，避免土壤板结。当秸秆浇透水后将菌种均匀撒在秸秆上。用铁锹拍1遍后，将起土回填，覆土厚度为15～20cm。2～3d后，水渗下后起垄踏平，铺滴灌带，覆盖地膜。在每行的2株植物之间用14号钢筋各打2个孔，孔深度以穿透秸秆层为准，10～15d后定植草莓。

第七章

有机草莓栽培的病虫害防治

第一节　有机农业病虫草害防治的基本原则和方法

按照有机产品国家标准（GB/T 19630—2019）中的规定，作物病虫草害防治的基本原则是：从农业生态系统出发，综合运用各种防治措施，创造不利于病虫草害滋生和有利于各类天敌繁衍的环境条件，保持农业生态系统的平衡和生物多样化，减少各类病虫草害所造成的损失。应优先采用农业措施，通过选用抗病抗虫品种、非化学药剂种子处理、培育壮苗、加强栽培管理和环境控制、中耕除草、耕翻晒垡、太阳能消毒土壤（图7-1）、清洁化田园管理（图7-2）、轮作倒茬（图7-3）、间作套种等一系列措施起到防治病虫草害的作用。尽量利用灯光、色彩诱杀害虫（图7-4），生物天敌、机械捕捉害虫，机械和人工除草等措施，防治病虫草害。

图7-1　日光温室土壤太阳能消毒

图7-2　草莓塑料大棚内清洁化管理

（a）　　　　　　　　　　（b）

图7-3　稻莓轮作

图7-4　悬挂黄板防虫

　　有机草莓病虫草害的药物防治，是指按有机产品标准的要求，使用允许使用的矿物源、植物源、生物源农药。虽然在允许的范围内使用农药，但是，俗话说"是药三分毒"，药物对人类如此，对各种生物也一样，最终都会对果园的生物多样性产生不利的影响。在短期内是有效措施，长远分析，仍是弊大于利。因此，药物防治是只有当农业方法、物理方法、生物方法等难以有效控制病虫草害发生时，方可采用的方法。对不属于 GB/T 19630—2019 所列有机产品允许使用的植物保护产品（见表1-2），也未经有机认证的农药，如确需使用，需经有机认证机构的评估，同意后方可使用。因为有的农药虽然也是生物源或矿物源农药，但不同的厂家定位不同，如定位于无公害水平，生产过程、添加的某些助剂或复配成分未能达到有机标准要求。所以对有疑问的新农药，在使用之前要请认证机构评估，征得他们同意后方可使用，否则发生误用，将前功尽弃。

有机草莓在控制病虫害时，允许使用下列物质：

（1）植物和动物来源物质　包括印楝树提取物及其制剂、天然除虫菊（除虫菊科植物提取液）、苦楝碱（苦木科植物提取液）、鱼藤酮类（毛鱼藤提取物）、苦参及其制剂、植物油及其乳剂、植物制剂、植物来源的驱避剂（如薄荷、薰衣草）、天然诱集和杀线虫剂（如万寿菊、孔雀草）、天然酸（如食醋、木醋和竹醋等）、蘑菇提取物、牛奶及其制品、蜂蜡、蜂胶、明胶、卵磷脂。

（2）矿物来源物质　包括铜盐（如硫酸铜、氢氧化铜、氯氧化铜、辛酸铜等，不得对土壤造成污染）、石灰硫黄（多硫化钙）、波尔多液、石灰、硫黄、高锰酸钾、碳酸氢钾、碳酸氢钠、轻矿物油（石蜡油）、氯化钙、硅藻土、黏土（如斑脱土、珍珠岩、蛭石、沸石等）、硅酸盐（硅酸钠、石英）。

（3）微生物来源物质　包括真菌及真菌制剂（如白僵菌、轮枝菌），细菌及细菌制剂（如苏云金芽孢杆菌，即 Bt），病毒及病毒制剂（如颗粒体病毒等），寄生、捕食、绝育型的害虫天敌。

（4）其他物质　氢氧化钙、二氧化碳、乙醇、海盐和盐水、苏打、软皂（钾肥皂）、二氧化硫。

（5）诱捕器、屏障、驱避剂　诱捕器（如色彩诱捕器、机械诱捕器等）、覆盖物（网）、昆虫性外激素（仅用于诱捕器和散发皿）、四聚乙醛制剂（驱避高等动物）。

（6）经评估后允许使用的其他物质　由认证机构按照标准规定（GB/T 19630—2019）进行评估后允许使用的其他物质。

在 GB/T 19630—2019 涉及有机农业中用于培肥和植物病虫害防治的产品不能满足要求的情况下（表 1-1、表 1-2），可以对有机农业中使用的其他物质进行评估。

第二节　草莓主要病害及其防治

草莓主要病害有 20 多种，主要有灰霉病、白粉病、炭疽病、黄萎病、芽枯病、红中柱根腐病、病毒病等。随着我国南北各地草莓产业的迅速发展、设施栽培的兴起、多年连作种植及频繁引种，病虫害及生理病害的种类不断增加，危害也越来越严重。

一、白粉病

白粉病［*Sphaerotheca macularis*（Wallr. : Fr.）Jacz. f. sp. *Fragariae Peries*］（图 7-5）在设施栽培中更易发生，一些日本草莓品种感病更为严重。白粉病危害草莓叶片、花及果实。叶片染病后，在背面发生白色点状菌丝，像面粉一样，以后迅速扩展到全株，随着病势加重，叶向上卷曲，后期呈现红褐色病斑，叶片边缘萎缩、焦枯。花蕾和花感病后，花瓣变为红色，花蕾不能开放。果实感病后，果面覆盖白色粉状物，果实膨大停止，着色变差，品质严重下降，几乎失去商品价值。白粉病在整个生长期都可能发生，特别是保护地内湿度达 90% 以上或异常干燥时，较易发生此病。雨水能抑制孢子萌发和传播。

防治要点。控制白粉病应采用以选抗病品种和加强栽培管理为主，结合药剂防治的综合防治措施。选抗病品种，日本品种多不抗白粉病；加强土肥水综合管理，降低湿度，增强植株长势；避免偏施氮肥，防止植株徒长；注意通风换气，雨后及时排水，防止过干过湿；发现中心病株后要及时摘除病叶，并集中烧毁；可利用生物农药45%特克多和矿物源硫悬浮剂等。

（a）

（b）

图7-5　白粉病

二、灰霉病

灰霉病（*Botrytis cinerea* Pers.）（图7-6）是草莓生产中发生最普遍的一种病害，主要危害草莓果实、花、叶片及茎。发病初期，受害部分出现黄褐色病斑，并扩展变褐、变软、变腐烂，病部表面密生灰色霉层。在未成熟果实上先出现淡褐色干枯病斑，之后病果呈干腐状。花瓣染病后变成黄褐色，在果梗、叶柄上形成暗褐色长形斑。灰霉病是露地、保护地栽培中最严重的病害，栽植密度过大、持续多湿环境、温度20℃左右会导致灰霉病大量发生。

防治要点。采用以生态控制为主并结合使用生物农药的措施。选择抗病品种，培育壮苗。草莓果实收获后和种植前彻底清除残体，可采用高温闷棚对棚室进行消毒处理（保护地栽培适用），生长期清扫园地的枯蔓病叶集中烧毁，发病初期及时摘除染病幼果和花序，集中烧毁或深埋。采用地膜覆盖，避免果实与潮湿土壤直接接触。起垄栽植，采用滴灌或膜下暗灌，避免棚内高湿，灌水时不要让水浸泡果实。避免偏施氮肥。经常除老叶加强通风透光，防止徒长。生物农药可以使用特立克可湿性粉剂600～800倍液。

图7-6　灰霉病　　　　　　　　　图7-7　炭疽病

三、炭疽病

炭疽病［*Colletotrichum fragariae* A. N. Brooks，*C. acutatum* J. H. Simmonds，*C. gloeosporides*（Penz.）Penz. & Sacc.in Penz.］（图 7-7）是草莓产区的重要病害之一，尤其在我国南方地区。该病主要危害匍匐茎、叶柄、叶片和花，也可感染果实。发病初期，病斑水渍状，呈凹陷的纺锤形或椭圆形，大小 3～7mm，后病斑变黑色，或中央褐色，边缘红褐色。叶片、匍匐茎上的病斑相对规则整齐，很易识别。匍匐茎、叶柄上的病斑可扩展成环形圈，病斑以上的茎叶萎蔫枯死。一般在7～9月份发病，气温高的年份可延续到10月份。降雨会加重该病的发生，往往导致死苗。

防治要点。选抗病品种，日本品种多不抗炭疽病。避免苗圃地连作。及时摘除病叶、病茎、枯老叶等带病残体，并清理田园。在匍匐茎抽生前进行药剂防治。生物防治可以喷施木霉菌，隔7～10d喷1次，连喷2次。

四、黄萎病

黄萎病（*Fusarium oxysporum* Schlechtend. : Fr. F. sp. *Fragariae* Winks & Williams）是草莓重要的土壤真菌病害之一。感染该病后，植株生长不良，外围老叶首先表现症状，叶缘和叶脉变褐色，新长出的幼叶失绿黄化，呈畸形，扭曲；根系变褐色腐烂，但中心柱不变色。该病菌为高温型，发病适温 25～30℃，夏秋季高温季节病症严重、典型。在连作地块发病严重。该病菌的寄主范围广，并可通过土壤、水等传播。

防治要点。该病菌主要通过根部伤口和幼根表皮及根毛直接侵入。应避免在发病草莓园选留繁殖苗母株及避免连作。发现病株应尽早拔除，并妥善处理。对于连作的病发地必须在定植前进行土壤消毒，可采用太阳能高温处理土壤的措施进行消毒。

五、革腐病

革腐病［*Phytophthora cactorum*（Lebert & Cohn）J. Schröt.］（图7-8）是一种经土壤传播的真菌性病害。主要危害草莓根及果实，露地及保护地中均易发生。当较多出现大雨过后立即天晴的天气时或者大水漫灌后，发病严重。果实在整个发育期都可能被侵染。未成熟果感病部位呈褐色到黑褐色，成熟果感病部位淡紫色到紫色。肉质变粗糙，像腐烂的皮革，且有令人作呕的味道。发病最适条件是饱和湿度、强光照、温度 20～25℃，温度在 15℃以下或25℃以上发病率降低，低于 10℃或高于 30℃不发病。病菌随病果在土壤越冬。果实与土壤直接接触或与雨水、灌溉水等间接接触均易感染。

防治要点。本病是土壤传播的真菌性病害。无病苗栽在无病田里一般不会发病。建立无病繁苗基地，实行统一供苗。整平土地、沟渠相通、防止积水。不宜连作，避免在地势低、湿度大的地块栽培。进行土壤消毒，采用高垄覆膜栽培，及时彻底消除病果。

图7-8　革腐病

六、红中柱根腐病

红中柱根腐病（*Phytophthora fragariae* C. J. Hickman var. *fragariae*）是草莓重要土壤真菌病害之一，常见于露地栽培，促成、半促成栽培相对较少。该病酸性土壤易发生，在低洼排水不良的地块发病较重。草莓感病后全株枯萎，地上部开始由基部叶的边缘变为红褐色，再逐渐向上萎蔫至全株枯死。根的中柱呈红色和淡褐色是根腐病最明显的特征。由病株、土壤、水和农具传播。露地与大棚栽培的草莓在低温季节或低湿的地里都易发生，因此在气候冷凉、土壤潮湿条件下，此病成为草莓生产的毁灭性病害。

防治要点。选用抗病品种。不宜长期连作草莓。避免在地势低、湿度大的地块栽培。进行土壤消毒，新发展区不从重病区引种，发现个别病株要立即带土烧掉。防止通过灌水和农具等传播。及时摘除老叶病叶，增施农家肥，培育壮苗。

七、芽枯病

草莓芽枯病（*Phytophthora* spp.）主要危害草莓花蕾和幼芽，被害草莓呈青枯状萎蔫，枯死芽呈黑褐色。叶片和萼片被害后，形成褐色斑点，叶柄和果梗基部变成黑色，叶片萎蔫下垂，新生叶片变小，叶柄带有红色，严重时失去生长点，造成整株枯死。土壤水分含量高、空气湿度和栽植密度大、植株长势旺都易发病。发病末期，被害枯死部位往往有二次寄生的灰霉病发生。芽枯病主要通过幼苗传染，苗圃地和田间也有传染病原。

防治要点。加强栽培管理，避免栽植过深、过密。注意通风换气，特别是设施栽培，须防止湿度过大和灌水过多。氮肥用量过多，容易加重病害。避免用发病地育苗，被害严重植株要与土一起挖除烧毁。

八、轮纹病

轮纹病［*Gnomonia fructicola*（Arnaud）Fall］主要危害幼嫩叶片，在我国分布较为普遍。症状表现在老叶上起初为紫褐色小斑，逐渐扩大呈褐色不规则形病斑，周围常呈暗绿或黄绿色。在嫩叶上病斑常从叶顶开始，沿中央主脉向叶基作"V"或"U"形迅速发展。病斑褐色，边缘浓褐色，病斑内可相间出现黄绿红褐色轮纹，最后病斑内全面密生黑褐色小粒（分生孢子堆）。一般 1 个叶片只有 1 个大斑，严重时从叶顶延伸至叶柄，乃至全叶枯死。该病还可侵害花和果实，可使花萼和花柄变褐死亡。该病是偏低温高湿病害，春秋特别是春季多阴湿天气有利于本病发生和传播，发病高峰期一般在花期前后和花芽形成期。28℃以上时极少发病。露地栽培时发生严重，设施栽培低温多湿、偏施氮肥、苗弱、光照不足的条件下发病重。

防治要点。及时摘除病老枯死叶片，集中烧毁。加强栽培管理，注意植株通风透光。避免单施速效氮肥，施农家肥，促使植株生长健壮。

九、叶枯病

叶枯病［*Diplocarpon earlianum*（Ellis & Everh）F. A. Wolf］又称

红点病，我国发生较普遍。主要侵害叶片，是草莓叶部常见病害之一，露地发生较重。叶枯病主要在春秋发病，侵害叶、叶柄、果梗和花萼。叶上产生紫褐色无光泽小斑点，以后扩大成直径 3～4mm 的不规则形病斑，病斑中央与周缘颜色变化不大。病斑有沿叶脉分布的倾向，发病重时叶面布满小病斑，后期全叶黄褐至暗褐色，直至枯死，在枯死的病斑部分长出黑色小粒点。叶柄或果梗发病后，产生黑褐色稍凹陷的病斑，病部组织变脆而易折断。病菌在植株发病组织或落地病残物上越冬，春季释放出子囊孢子或分生孢子借空气扩散传播、侵染发病，并由带病种苗进行远距离传播。该病为低温性病害，秋季和早春雨露较多的天气有利侵染发病。肥足苗壮发病轻、缺肥、苗弱发病重。

防治要点。选用抗病品种。及早摘除病老叶片，减少传染源。加强肥水管理，使植株生长健壮，但不要过多施用氮肥。选择无病区育苗并严格实施检疫，注意轮作倒茬，消除田间寄主，定植前用太阳能进行土壤消毒。

十、叶斑病

叶斑病 [*Mycosphaerella fragariae*（Tul.）Lindau] 又称蛇眼病（图 7-9），我国各地发生普遍。通常在露地结果后的植株叶片上或者露地繁苗期间发生，设施栽培较少发生。主要危害叶片形成叶斑，大多发生在老叶上。叶上病斑初期为暗紫红色小斑点，随后扩大成 2～5mm 大小的圆形病斑，边缘紫红色，中心部灰白色，略有细轮纹，酷似蛇眼。病斑发生多时常融合成大型斑。病菌以病斑上的菌丝在病叶上越冬。病菌生育适温为 18～22℃，低于 7℃或高于 23℃发育迟缓。秋季和春季光照不足，天气阴湿发病重；重茬田、管理粗放和排水不良地块发病重。病苗和表土上的菌核是主要传播载体。

防治要点。选用抗病品种。采收后及时清理田园，摘除收集被害叶片烧毁，剔除病株。进行土壤消毒。

十一、病毒病

草莓病毒病（图7-10）可使草莓生长衰退，并造成严重减产，一般可减产20%～30%。侵染草莓的病毒主要有4种：草莓斑驳病毒（SMoV）、草莓皱缩病毒（SCrV）、草莓轻型黄边病毒（SMYEV）、草莓镶脉病毒（SVBV）。几种病毒复合感染时造成的损失更大。由于草莓病毒病感染植株后一般不能很快表现出症状，具有潜伏性，只在十分严重时才表现出叶片皱缩、黄化等，所以长期以来未受到生产种植者重视，只是笼统归结为"品种退化"。植株感染病毒后一般需借助指示植物嫁接法或其他方法才可以检测出来，目前我国各草莓种植区的病毒感染率较高，尤其老区感染较重，应予以足够的重视。蚜虫是草莓病毒病传播的主要媒介。

图7-9　叶斑病　　　　图7-10　病毒病

防治要点。利用微茎尖培养获得无病毒苗进行繁苗，防治传毒昆虫如蚜虫。3～5年更换一次无病毒苗，及时剔除病苗等。加强田间管理，培育壮苗，增强植株的抗病能力。

第三节　草莓主要虫害及其防治

草莓虫害有 40 多种，主要有蚜虫、红蜘蛛等。

一、蚜虫

蚜虫俗称腻虫（图 7-11）。蚜虫是草莓产区普遍存在的主要害虫之一。危害草莓的蚜虫主要有食杂性的桃蚜（*Myzus persicae* Sulzer）、棉蚜（*Aphis gossypii* Glover）和危害蔷薇科的绣线菊蚜（*Aphis citricola* Van der Goot）等。蚜虫通常群集在新茎、幼叶、幼芽、花蕾上危害，也可群集在叶片背面，以它的口器刺吸草莓体内的汁液，虫口量大时造成叶片皱缩、卷曲，削弱植株长势。蚜虫分泌的黏稠物污染叶片和果实，还易引起煤烟病。蚜虫还是病毒病的主要传播者。蚜虫以飞迁的方式完成其生活周期。冬季在桃、李、杏等核果类果树上越冬，翌年 4 月中下旬迁移到草莓上危害。也有的蚜虫冬季在草莓、蔬菜等作物的根际土壤中越冬，翌年春季天气转暖后繁殖危害。在温度较高的设施栽培草莓地里，蚜虫可周年在草莓上危害。蚜虫一年发生的代数因地区不同而异，较冷地区一般一年发生 10 代，较温暖地区一年可发生 30～40 代。

防治要点。及时摘除老叶，清理园地，清除杂草、枯叶，集中烧掉。利用黄板在保护地和露地诱杀有翅成虫，具体方法是在保护地悬挂黄板，密度为每 30m² 一块，高度在植株上方 20cm。露地可根据地块来安排 50～100m² 一块。在蚜虫种群刚开始上升时采用植物源杀虫剂和轮枝菌制剂、蚜霉菌制剂控制种群上升的速度。还可以采用经过有机认证的微生物源和植物源农药，如用清源宝和蚜虫轮枝菌等喷洒。

二、红蜘蛛

红蜘蛛又称叶螨（图7-12），是一种很小的害虫，肉眼只能观察到一个小红点，为草莓上常见的害虫，分布很广，我国各地发生普遍。危害草莓的叶螨类有多种，其中最重要的有二斑叶螨（*Tetranychus urticae* Koch）和朱砂叶螨（*Tetranychus cinnabarinus* Boisduval）两种。叶螨以成虫、若虫群集于叶背面，吐丝结网，并以口器刺入叶内吸取汁液。叶片被害初期出现灰白色或黄褐色斑点，后转紫红褐色，叶缘向下卷曲，受害严重时叶片呈铁锈色，状似火烧。受害后果实变小，畸形果增多，重者整株枯死，严重影响草莓产量和质量。叶螨繁殖能力强，一般一年可繁殖10代以上，既可有性繁殖，也可孤雌生殖，尤其在高温干旱的气候条件下繁殖迅速，能短期内暴发成灾，危害严重，难以防治。气温在20℃以上时，5d左右即可繁殖1代，世代重叠，促成栽培中危害尤为严重。

图7-11　蚜虫

图7-12　红蜘蛛

防治要点。叶螨通过匍匐茎苗带入苗床和草莓地，越冬期寄生在下部老叶上，所以摘除老叶、病叶非常重要。清理田园，减少叶螨寄生植物。放养天敌如长须螨来捕杀叶螨是最有前途的防治方法。保护天敌，加强虫情调查。

三、蓟马

蓟马属于节肢动物门、缓翅目昆虫，体形微小，若虫呈白色、黄色或橘色，成虫则呈黄色或黑色。蓟马以成虫和若虫锉吸草莓幼嫩组织（嫩芽、叶片、花、果实等）汁液，被害的嫩梢变硬、卷曲、枯萎；植株生长缓慢，节间缩短；幼嫩果实被害后会硬化，严重时造成落果，影响产量和品质；嫩叶受害后使叶片变薄，叶片中脉两侧出现灰白色或灰褐色条斑，表皮呈灰褐色，出现变形、卷曲，生长势弱（图7-13）。蓟马成虫怕强光，多在背光场所集中危害。阴天、早晨、傍晚和夜间才在寄主表面活动。当用常规触杀性药剂时，白天喷不到虫体而见不到药效，这也是蓟马难防治的原因之一。

（a）　　　　　　　　　　　　　　　　（b）

图7-13　蓟马及其危害

防治要点。早春清除田间杂草和枯枝残叶，集中烧毁或深埋，消灭越冬成虫和若虫。加强肥水管理，促使植株生长健壮，减轻危害。利用蓟马趋蓝色的习性，在田间设置蓝色粘板，诱杀成虫，粘板高度与作物持平。蓟马喜欢温暖、干旱的天气，其适宜温度为23～28℃，适宜空气湿度为40%～70%；湿度过大不能存活，当湿度达到100%、温度达31℃时，若虫全部死亡。在雨季，如遇连阴多雨，草莓的叶腋间积水，能导致若虫死亡。大雨后或浇水后致使土壤板结，使若虫不能入土化蛹和蛹不能孵化成虫。

四、盲蝽

盲蝽在我国某些地区或某些年份危害十分严重，不仅造成草莓减产，而且影响鲜食和加工品质。盲蝽属半翅目昆虫，具刺吸口器。危害草莓的种主要是牧草盲蝽（*Lygus pratensis* L.）。盲蝽成虫、若虫在落花后约10d之内刺吸花托顶尖部位种子的汁液，破坏种子胚乳，阻止种子正常发育。被刺伤种子与正常发育种子大小一样，但中空，外表呈干稻草黄色，导致着生在花托顶部被刺种子的果肉组织停止发育，而在花托四周着生未受害种子的果肉仍能正常发育，空种子密集中心形成硬块，因而形成似扣子的扁圆形畸形果。生产上常被误认为是花期低温冷害造成花托顶部种子授粉不良所致，区别于盲蝽虫害的是，冷害密集成块的是未发育的浅绿色小种子。盲蝽每年发生3～5代，食性杂，成虫在枯草落叶、树干缝隙、石缝等处越冬。早春成虫在杂草及各种作物上产卵。

防治要点。清除园地杂草、落叶，集中烧毁或深埋，减少虫源。盲蝽对黄、白、绿等颜色的诱集板表现出一定的趋性行为，用这些颜色的诱集板诱捕成虫已成为盲蝽综合防治中的一项措施。或者在草莓园旁栽植诱集植物，通过刈割来减少盲蝽数量。

五、蚂蚁

蚂蚁是一种有社会性生活习性的昆虫，不仅数量多，而且活动时间长，不论春、夏、秋、冬，只要外界气温高过10℃，蚂蚁都可以出来危害植物。在我国南方危害更重，当有蚜虫大量发生时危害更重。主要危害草莓的茎、叶、花及果实，还可堆土埋住苗心。蚂蚁可以咬断茎部形成层中的导管和筛管通道，使植株吸收水分和养分上下不能连通，影响草莓苗的正常生长。结果期浆果继续膨大，蚂蚁发生数量多，受害轻的从外面看有一个小孔，受害重的会出现一条长的裂缝，严重影响果实品质。

防治要点。种植草莓前进行深翻，捣毁蚁巢，减少危害。施肥整地时有机肥要充分腐熟。还可以利用蚂蚁有嗜腥、香、甜的特性进行诱杀。如在草莓圃中挖一些诱杀坑（15cm 宽、30cm 深），在坑中放一些带有腥味的内脏，就可以诱集大量蚂蚁，然后用火烧或者开水浇，经过几次就可以杀死大量蚂蚁。有效控制住蚜虫，可以避免蚂蚁堆土埋住苗心和爬上植株。

六、金龟子

金龟子俗称金克郎、铜克郎，分布普遍。蛴螬是其幼虫的通称，属危害严重的地下害虫。危害草莓的金龟子主要有苹毛丽金龟（*Proagopertha lucidula* Fald.）、黑绒金龟子（*Maladera orientalis* Motsch.）等。金龟子食性杂，在草莓上主要是春季危害花蕾、嫩叶，对花尤为嗜食。可将嫩蕾、花及嫩心叶食成破碎状。苹毛丽金龟每年发生 1 代。3～5 月间，平均气温达 10℃以上时成虫大量出土，特别是雨后出土更多，开始取食危害。发生多的年份可将整个花蕾、花朵食光。成虫交尾后钻入 10～20cm 的土层里产卵，卵经过 20d 左右孵出幼虫，就近取食草莓等植物根。老龄幼虫转移到深层土壤做土室化蛹。蛹经过 20d 左右羽化出成虫，在土室里越冬。成虫有假死习性。

防治要点。绝大多数金龟子具假死性，可用人工振落捕杀。利用金龟子成虫的趋光性，于傍晚悬挂黑光灯诱杀成虫。耕翻土整地，去除幼虫、蛹和成虫。清除杂草，减少金龟子产卵和隐蔽场所。禁止使用未经腐熟的有机肥。

七、蜗牛

蜗牛主要危害草莓叶片、幼苗，尤其喜食嫩芽。它不仅造成植株叶片孔洞、缺刻，还时常诱发病菌侵染造成烂秧死苗，严重阻碍草莓品质和产量的提高。蜗牛食性杂，繁殖生长速度快，危害期长。蜗牛靠舌头上的锉形组织和舌头两侧的细小牙齿，磨碎植物的茎、叶或根。蜗牛白天潜伏，傍晚或清晨取食，遇有阴雨天多整天栖息在植株上，除喜欢危害草莓叶片外，还可危害接近成熟的果实。

防治要点。蜗牛喜欢潮湿环境，并有择地栖息繁衍的习性，夜间或阴雨天活动频繁。因此雨后要及时排除积水，加强中耕除草，破坏蜗牛栖息繁殖环境。在傍晚或雨后用树叶、菜叶、鲜草做成诱集堆，或用旧麻袋片团放或用废弃秸秆等堆放，喷水后诱集，翌日清晨集中捕捉，用开水浇杀或饲喂家禽。还可以采用保护带保苗。每亩用生石灰5～7.5kg，在地边田埂撒保护带，保苗效果很好。

八、蛞蝓

蛞蝓别名鼻涕虫（图7-14）。主要危害草莓成熟期浆果，果实被啃食成洞，失去经济价值，也危害叶片，被食处成网状，在其爬行的叶面或果面留有银色黏液痕迹，令人恶心。蛞蝓喜阴暗潮湿环境，在保护地栽培中，在湿度大的地面、地膜下或叶背面易于发现。5～7月间潮湿多雨季节在田间大量危害，入夏气温升高时活动减弱，秋季气候凉爽后又活动危害。以成体或幼体在作物根部湿土下越冬。

防治要点。蛞蝓习性与蜗牛相似，防治要点同蜗牛。要清洁田园，铲除杂草，实行水旱轮作。可撒石灰或草木灰，蛞蝓爬过时，身体失水死亡。

九、蛴螬

蛴螬即金龟子的幼虫（图7-15）。发生普遍、分布广、危害大、食性杂，主要咬伤或咬断草莓新茎和根，造成植株萎蔫死亡。不同种的金龟子幼虫除体形大小和生活周期年限有所差别外，其主要形态特征相似。蛴螬体形肥大，弯曲近"C"形，头部红褐色，全身白色至乳白色，头尾较粗、中间较细，胸足3对，后1对最长，每个体节多褶皱。蛴螬年发生代数因种因地而异，一般每年发生1代，或2～3年1代。蛴螬共3龄，1～2龄期较短，3龄期最长。蛴螬栖居土中，其活动主要与土壤的理化特性和温湿度等有关。在一年中活动最适的土温为13～18℃，春秋季危害重。

图7-14 蛞蝓

图7-15 蛴螬

防治要点。春秋翻耕土地，人拣鸟啄杀灭蛴螬。发现死苗立即在苗附近挖出蛴螬消灭。人工捕杀成虫（金龟子）。避免施用未腐熟的厩肥，减少成虫产卵。利用成虫的趋光性用黑光灯或点火堆进行诱杀。

十、蝼蛄

蝼蛄俗称土狗、地狗、啦啦蛄等。常见的主要有两种：东方蝼蛄（*Gryllotalpa orientalis* Burmeister）和华北蝼蛄（*G. unispina* Saussure）。食性杂，以成虫、若虫咬食根部和近地面的新茎和果实，将根和新茎咬断，使植株凋萎死亡（图7-16）。蝼蛄常钻筑坑道，在土面上可见隧道和隆起的虚土。以若虫或成虫在土穴中越冬，翌年春天开始活动。成虫、若虫多在夜间活动危害，有趋光性、趋湿性、趋厩肥习性。蝼蛄在雨后或灌溉后、土肥中有大量未腐熟厩肥时危害更重。

防治要点。施用的厩肥、堆肥等有机肥要充分腐熟，减少蝼蛄产卵。另外还可在苗床的步道上挖小土坑，将鲜马粪或鲜草放入坑内，次日清晨捕杀。

（a）　　　　　　　　　　　　（b）

图7-16　蝼蛄及其危害状

十一、金针虫

金针虫俗称铜丝虫、金齿耙等。主要分布在我国长江以北，是重要地下害虫之一。主要种类有沟金针虫（*Pleonomus canaliculatus* Falder）、细胸金针虫（*Agriotes fuscicollis* Miwa）等。危害草莓根部、叶柄及浆果，致使草莓枯萎死亡，缺株断垄，局部地区可造成严重损失。生长期间在草莓根或地下茎上蛀洞或截断，在叶柄基部蛀洞甚至蛀入嫩心。在贴地浆果上蛀洞，被害果即丧失食用价值。蛀洞外口圆或不规则，洞小而深，有时可洞穿整个浆果，洞口常黏附泥粒。

防治要点。与水稻轮作。保护和利用天敌如青蛙、蟾蜍等。生长期发生金针虫可在草莓株间挖小穴，将颗粒剂或毒土点施穴中立即覆盖。在金针虫活动盛期常灌水可抑制危害。

十二、小地老虎

小地老虎俗称地蚕、切根虫等。地老虎类中以小地老虎分布最广泛，危害最严重。在草莓上主要以幼虫危害近地面茎顶端的嫩心、嫩叶柄、幼叶及幼嫩花序和成熟浆果。一年可发生 2～7 代，因地区不同而异。以卵、蛹、老熟幼虫在土中越冬。翌年 4～5 月出现成虫，幼虫于 5 月下旬危害严重。幼虫在 3 龄以前昼夜活动，多群集在叶或茎上危害，3 龄以后分散活动，白天潜伏在土表层，夜间出土危害，从地面咬断幼苗的根茎部或咬食叶片，常将咬断的幼苗拖入土穴中，因此田间常出现缺苗断垄，也会把浆果吃成洞。土壤湿度较大时发生较多，圃地周围杂草多亦利于其发生。

防治要点。清晨在断苗周围可见残留的被害叶在土中时，将土挖开，可人工捕杀地老虎幼虫。利用成虫对黑光灯有强烈的趋性进行诱杀。

十三、线虫

侵害草莓的线虫种类不同、侵害部位不同，受害草莓的症状表现也不同，常表现为矮化、变形、变色、枯叶、衰弱等（图 7-17）。线虫大多寄生在草莓根部或生长点附近。根线虫侵害草莓根，引起植株长势减弱。芽线虫主要在草莓芽上寄生，条件不适宜时进入土壤中生活，或侵入到芽内，当植株上出现水膜时，它又继续生长发育，在芽生长点附近的表皮组织上营外寄生生活，刺破表皮组织吸食汁液，使定植后新生叶变小、畸形，株形矮缩。线虫能在枯叶中休眠和存活二年以上，当病叶湿润时即可复苏活动。各种线虫主要是通过种苗、土壤、枯枝、落叶、雨水、灌水及耕作工具等传播。一般重茬地和轻沙壤地受害较重。

图7-17 线虫侵害状

防治要点。轮作是最有效的防治措施，大棚中有计划地进行远缘科、属间2～3年的轮作，降低土壤中的根结线虫数量，减轻下茬受害程度。如果进行水旱轮作，则防治效果更好。也可以通过改进田间管理方法，用无病土培育种苗，施用充分腐熟的有机肥，增施含磷钾量高的生物肥，增强植株抗性，而且还可增加线虫天敌微生物数量，抑制根结线虫的生长发育。及时清洁田园，及时拔除病死植株，清理残根和病土，并集中烧毁，病坑用石灰处理，防止病害扩大传播。夏季可在棚内覆膜进行土壤高温处理或者烧烤土壤杀灭线虫。将土壤深翻，在地面铺15～20cm厚的麦糠或稻壳，四周压上细软的柴火并点燃，保持暗火慢慢燃烧，发现明火压灭。大约经过4～5d的燃烧处理即可。燃烧中可使20cm土层温度达到70℃以上，足以杀死线虫。处理后及时施入经过消毒、充分腐熟的有机肥，以补充和恢复土壤中的有机质和有益微生物。或在夏季深翻土壤并灌大水，上盖塑料布密闭，使土温升至60℃，可显著降低虫口密度。

第四节　草莓生理性病害及其防治

草莓生理性病害是由采用了不正确的管理措施引起的，防治这类病害一般不需要化学农药，只需对不正确的管理措施加以改进。缺素症是草莓种植过程中常见的生理性病害，有的易与真菌、细菌病害或病毒病混淆，确诊时需全面分析观察。草莓生长过程中，气候条件不适或管理不当常导致冻害、徒长、老化、萎蔫、药害等情况发生。可通过适时浇水、施肥、松土、通风、日照等措施防治这些生理病害。在草莓种植过程中，生产者常常注重病理性病害的防治。我国目前对生理性病害重视程度普遍不够，造成草莓大面积的减产，商品品质下降，市场竞争力较差，难以实现优质优价。

生产上很多时候将草莓生理性病害误认为真菌或细菌病害，生理性病害是非侵染性病害，防治方法与真菌、细菌等侵染性病害明显不同。对草莓生理性病害的认识与防治，是草莓高产、优质的关键措施之一。

就草莓上常见的几种生理性病害症状及防治方法简介如下。

一、缺素症

（一）缺氮

草莓植株缺氮时，叶片小，从下向上逐渐变黄；叶脉间黄化，叶脉突出，后扩展至全叶；坐果少，果实小。土壤瘠薄，施用有机肥不足或杂草多易发生缺氮症。要施足充分腐熟的有机肥，采用配方施肥技术，合理配置各要素。

（二）缺磷

缺磷植株生长弱，发育缓慢，叶色带青铜暗绿色。生长初期叶片小、硬化，叶色浓绿；严重缺磷时，上部叶片呈黑色，具光泽，下部叶片为淡红色至紫色，近叶缘的叶面上呈现褐色的斑点。缺磷植株的花和果比正常植株要小，有的果实偶尔有白化现象。根量少、颜色较深。发病的主要原因是土壤中含磷少或土壤中含钙多、酸度高条件下磷素不能被吸收。或者，疏松的沙土或有机质多的土壤也可能缺磷。大量或多年施用有机肥料的农田一般不会缺磷，在土壤有效磷较低的农田需要补磷时，可使用磷矿粉，每亩用量为150～250kg。或使用叶面肥。

（三）缺钾

缺钾草莓生育前期叶缘出现微黄化，后扩展到叶脉中间；生育中后期，叶向外侧卷曲，叶片稍硬化，呈深绿色。缺钾的症状常表现为灼伤现象，还可在大多数叶片的叶脉之间向中心发展危害。草莓缺钾时较老的叶片受害重，幼叶不显示症状。光照会加重叶片灼伤，所以缺钾易与"日烧"相混淆。由于某些有机肥钾含量相对偏低，施用有机肥时应做好不同有机肥的配施。也可以施用一些矿物钾肥，但是这些矿物肥料大都是难溶的，所以施用时最好作为堆肥原料以提高其肥效。

（四）缺钙

缺钙使根系停止生长，根毛不能形成，果实贮藏寿命缩短、品质降低，并引起一系列生理障碍。草莓缺钙最典型的症状是叶尖焦枯皱缩，顶端不能充分展开，萼片和叶尖端先变褐逐渐变成黑色，硬果，根尖生长受阻，叶脉间黄化，叶片变小和生长点受害。缺钙多发生在土壤干燥或土壤溶液浓度高时，妨碍植株对钙的吸收和利用。主要防治方法是要及时浇水，保证水分供应等。

（五）缺铁

草莓缺铁的最初症状是幼龄叶片黄化或失绿（图7-18），进而变白，发白的叶片组织出现褐色污斑。缺铁草莓植株的根系生长弱，叶缘变为灰褐色枯死。盐碱地中 Fe^{2+} 常常被转化为不溶的 Fe^{3+} 固定在土壤中，致使铁不能被根部吸收利用。应避免在盐碱地种植草莓，土壤 pH 值调到 6～6.5 为宜，避免施用碱性肥料。要多施腐殖质，提高种植床，及时浇水，保持土壤湿润。

（六）缺硼

缺硼的早期症状是幼龄叶片出现皱缩和叶焦，叶片边缘黄色，生长点受伤害，根短粗、色暗。随着缺硼的加剧，老叶的叶脉间有的失绿，有的叶片向上卷。缺硼植株的花小，授粉率和结实率降低、果小、果实畸形或呈瘤状。有的果顶与萼片之间露出白色果肉，果实品质差，严重影响产量。应适时浇水，提高土壤可溶性硼的含量，以利于植株吸收。

二、生理性白果

症状。浆果成熟期褪绿后不能正常着色，全部或部分果面呈白色或淡黄白色，白色部分在有种子的周围常有一圈红色（图7-19）。病果果肉呈白色、粉红色，味淡、质软、皮薄易破、不耐储运，很快腐败。低光照、高氮肥是引起白果病的主要原因。浆果中含糖量低和磷、钾元素不足易导致此病的发生。

防治方法。多施有机肥，不过多偏施氮肥；选用适合当地的品种和含糖量较高的品种；采用保护地栽培，适当调控温湿度，使用透光率高的棚膜。

图7-18　缺铁

图7-19　生理性白果（右）

三、畸形果

症状。果实畸形，果面凹凸不平整光滑，形状不整（图 7-20）。低温、湿度过大、药剂、花粉量少、品种等因素都可导致畸形果发生。

防治方法。在生产中发现'红颜'品种冬季温室栽培时较易出现畸形果，应选育花粉量多、耐低温、畸形果少、育性高的品种，如'幸香'等。改善栽培管理条件，排除花器发育受到障碍的因素。尽量将温度控制在 15～30℃ 之间，白天防止 35℃ 以上高温出现，夜间防止 5℃ 以下的低温出现。开花期相对湿度控制在 60% 以下。保持温度、湿度均衡。提高花粉的稔性，减少畸形果发生。防治白粉病等病虫害的药剂，应在开花 6h 受精结束后再喷洒。花期放蜂授粉，大棚低温期开的花，通过放蜂进行异花授粉，对防止畸形果产生效果很好。

四、日灼

症状。由于烈日暴晒和高温灼烧果肉，日灼部分的果肉松弛，颜色变浅，呈黄白色。对于置于黑地膜上的果实，烈日暴晒导致黑地膜高温也可烫伤果肉，形成灼伤。

防治方法。培育健壮植株；避免 32℃ 以上的高温日灼；浇水喷水降温；必要时覆盖遮阳网。

五、冻害

症状。一般在秋冬和初春期间气温骤降时发生，有的叶片部分冻死干枯、皱缩开裂，有的花蕊和柱头受冻干缩，花蕊变黑褐死亡，幼果停止发育干枯僵死（图 7-21）。

图7-20 畸形果

图7-21 花低温冻害

防治方法。晚秋控制植株徒长，冬前浇防冻水，越冬及时覆盖防寒；早春不要过早去除覆盖物，在初花期于寒流来临前要及时加盖地膜防寒；棚室生产在严寒时可利用液化气等临时加温。

六、肥害

症状。叶片边缘变褐色，新叶叶尖部变褐色，长时间后焦枯（图 7-22）。

防治方法。底肥必须完全腐熟，防止根下发热产生氨气伤苗；叶面喷肥浓度适中，并且结合灌水进行；提倡土壤养分检测、配方施肥。

七、药害

症状。大多数药害会造成叶片出现不规则枯黄斑点，叶片酥脆不平，长势受阻（图 7-23、图 7-24）。

防治方法。施用农药浓度、用量适宜，不在高温中午时施用，应在午后 16 时左右用药。发生药害时，可清水喷浴植株，尽量通风换气，降低棚温，减轻药害程度。

图7-22 肥害

图7-23 除草剂危害

（a）

（b）

图7-24 其他药害

第八章

有机草莓的采收、包装、贮运和销售

第一节　有机草莓的采收与包装

一、草莓果实采收

（一）采收标准

　　草莓果实成熟的显著特征是果实着色，判断成熟与否的标志是着色面积与软化程度。因栽培形式不同，露地栽培采收期在 5 月上中旬至 6 月上旬；促成栽培为 12 月中下旬至 3 月上旬；半促成栽培为 3 月上旬至 4 月下旬；延后抑制栽培的采收期多在 8 月下旬至 11 月。确定草莓适宜的采收成熟度要根据温度环境、果实用途、销售市场的远近等因素综合考虑。

一般而言，草莓用于鲜销鲜食时，运输距离短的可在果面着色 90%～95% 时采收；运输距离远而又无法进行预冷处理的，果面着色 80% 时采摘。但硬肉型品种，如 '全明星''哈尼' 等，以果实接近全红时采收才能达到该品种应有的品质和风味，同时也不影响贮运。供加工果酒、果汁、饮料、果酱、果冻的，要求果实全熟时采收，以提高果实的糖分、香味和出汁率；供制罐头产品时，则要求果实个头大小一致，在八成熟时采收；供作冷冻贮藏用的果实，则要在果实充分成熟前 1～2d 采收。另外，温度低时适当晚采、温度高时适当早采。就近销售的在全熟时采收，但不宜过熟。

（二）采收前准备

采收前，应准备好足够的采收容器，如塑料箱、小木盒、塑料盒、塑料袋等。采收容器不宜过大，如较浅的盆、钵、筐，盛具要干净，内侧要光滑，最好分成大小包装，小包装放入大包装，采果前垫上软纸或软布。如果需运往外地销售或送往加工厂，需提前准备好交通工具；若需要贮藏，要准备好冷库，并保证制冷设备能正常工作。

（三）采收方法

由于草莓是陆续开花、陆续结果、陆续成熟，一个品种的采收期延续约 25d（露地）至 6 个月（日光温室栽培）。一般开始成熟时，可以每 2d 采收 1 次；成熟集中期，可每天采收 1 次。每次采收时必须将成熟的果实全部采尽。采收过晚，很容易腐烂，还会影响其他未熟果的膨大成熟，从而影响产量，甚至还很容易引发病害。采收最好在早晨露水干后，至午间高温到来以前或傍晚天气转凉时进行。中午前后气温较高，果实的硬度较小，果梗变软，不但采摘费工，而且易碰破果皮，果实不易保存，易腐烂变质。果实摘下后要立即放在阴凉通风处，使之迅速散热降温。有条件的可放置至低温库预冷处理。

采收草莓必须注意轻拿、轻摘、轻放。采摘时用大拇指和食指拽住并掐断果柄，不要硬揪硬拉，更不能用手握住果实硬拉，以免损伤果实。摘果时要带 1～2cm 的果柄，但不宜留太长，否则果柄会相互划伤果实。将畸形果、腐烂果、虫伤果等不合格的果实同时采下，但采摘后不要混装，应单独另放，以免影响质量。特别是烂果一定不要随意丢弃在田间，以免加重病害感染。

二、草莓果实分级包装

（一）果实分级

鲜果上市的商品草莓一般要分级包装，畸形、虫蚀、碰压伤、病腐、末熟的果实无论大小都失去鲜果上市的价值，应作废果处理。分级标准除外观、果形、色泽等基本要求外，主要依果实大小而定。目前，我国草莓生产上果实分级还没有统一的标准。一般大果型品种 ≥25g 为一级果、≥20g 为二级果、≥15g 为三级果。中果型、小果型品种依以上标准每级别单果重降低 5g。分级包装过程中要注意不要让果实直接受到日光暴晒。

（二）果实包装

参考有机产品包装通则（GB/T 19630—2019）要求。

① 包装材料应符合国家卫生要求和相关规定；提倡使用可重复、可回收和可生物降解的包装材料。

② 包装应简单、实用。

③ 不应使用接触过禁用物质的包装物或容器。

有机草莓的包装必须符合有机产品包装通则要求，还要以小包为基础，大小包装配套（见图 8-1）。目前，上市鲜果有用 200g、250g 等规格的塑料盒小包装外加纸箱集装包装，也有用 1kg、2kg、

2.5 kg 礼品盒包装，还有用分层纸箱包装。规格大小根据运输远近、销售市场需求等灵活更改。为防止压伤，影响外观品质，切忌用大纸盒、大竹筐盛装。

（a）

（b）

（c）

（d）

（e）

（f）

图8-1　草莓包装

第二节 有机草莓的贮藏和运输

一、草莓果实贮藏要求

（一）有机草莓贮藏一般要求

有机草莓贮藏需要符合 GB/T 19630—2019 的贮藏要求。

① 仓库应清洁卫生，无有害生物，无有害物质残留，7d 内未经任何禁用物质处理过。

② 可使用常温、气调、温控、干燥和湿度调节等贮藏方法。

③ 有机草莓尽可能单独贮藏。若与常规产品共同贮藏，应在仓库内划出特定区域，并采取必要的包装、标识等措施，确保有机草莓和常规产品可清楚识别。

④ 应保留完整的出入库记录和票据。

（二）草莓果实贮藏方法

草莓浆果不耐贮藏，目前研究的保鲜贮藏方法较多，但生产上主要还是创造低温条件延长货架寿命。

（1）低温贮藏 草莓较难储存，最好随采随销。临时运输有困难的，可将包装好的草莓放入通风凉爽的库房内暂时贮藏。一般在室温下最多只能存放 1～2d。放入冷藏库中库温 12℃可保存 3d 左右，库温 8℃时可存放 4d，库温 1～2℃时，可贮藏 1 周左右。但贮存期过久，品质风味均有下降，草莓逐渐腐败。

（2）气调贮藏 草莓气调贮藏的条件为氧气 3%，二氧化碳 3%～6%，氮气 91%～94%，温度 0～1℃，空气相对湿度 85%～95%。在此条件下，可保鲜贮藏 2 个月。将装有草莓的果盘用带有通气孔的聚乙烯薄膜袋套好，扎紧袋口，用贮气瓶等设备控制袋内气体组成达上述要求，密封后放通风库或冷库中架藏。贮藏中每隔 5～7d

打开袋口检查 1 次，若无腐烂和变质再封口冷藏。

（3）热处理贮藏　草莓热处理是防止果实采后腐烂的一种有效、安全、简单、经济的方法。在空气湿度较高的情况下，草莓果实在 44℃下处理 40～60min，可以使草莓腐烂率减少 50％，浆果的风味、香味、质地和外观品质不受影响。

二、草莓果实运输

有机草莓的运输要遵从有机产品运输要求（GB/T 19630—2019）。

① 混杂使用的运输工具在装载有机草莓前应清洗干净。

② 在运输工具及容器上，应设立专门的标志和标识，避免与常规产品混杂。

③ 在运输和装卸过程中，外包装上应当贴有清晰的有机认证标志及有关说明。

④ 运输和装卸过程应当有完整的档案记录，并保留相应的票据，保持有机生产的完整性。

草莓果实的运输还应遵循小包装、少层次、多留空、少挤压的原则。在温度较低的冬季，可用一般的有篷卡车，运输途中要防日晒；进入 3 月中下旬温度渐高后，较长距离的运输应使用冷藏车或采用冰块降温。

无论用何种运输方式，尽量避免颠簸和太阳直射，以早晚或夜间运输为好，并且应尽快运输、尽快销售。

第三节　有机草莓的营销

中国有机产品的发展起步较晚，但近年来发展速度较快。2000年以前通过认证的有机产品大部分销往日本、美国、加拿大和欧洲市场。2000 年以来，我国有机产品的生产和销售更加重视国内市场，有机产品正在逐渐被国人接受。

一、有机产品销售的通用规范和要求

有机产品销售的通用规范要达到 GB/T 19630—2019 的要求。

① 为保证有机产品的完整性和可追溯性，销售者在销售过程中应采取但不限于下列措施：a. 应避免有机产品与常规产品的混杂；b. 应避免有机产品与本标准禁止使用的物质接触；c. 建立有机产品的购买、运输、贮存、出入库和销售等记录。

② 有机产品销售时，采购方应索取有机产品认证证书、有机产品销售证等证明材料。

③ 有机产品加工者和有机产品经营者在采购时，应对有机产品的认证证书的真伪进行验证，并留存认证证书的复印件。

④ 对于散装或裸装产品，以及鲜活动物产品，应在销售场所设立有机产品销售专区或陈列专柜，并与非有机产品销售区、柜分开。应在显著位置摆放有机产品认证证书的复印件。

⑤ 不符合 GB/T 19630-2019 标识要求的产品不能作为有机产品进行销售。

二、有机草莓的营销

有机草莓在符合 GB/T 19630—2019 的销售要求的同时，还可应用不同的销售形式，提升消费者的购买欲望。

（一）建立有机草莓连锁店

建立一定规模的连锁店，具有降低成本、控制价格、促进销售和强化服务的作用。可借鉴国内外连锁商业的成功经验，结合各地的具体情况，对有机草莓专业批发市场和连锁店进行统一设计，并综合考虑理念识别、行为识别、视觉识别，结合有机产品标志、颜色，综合设计有机产品统一的销售图案标识。对连锁店严格实行统一装修风格、统一服务规范、统一进货、统一库存调配、统一商号、统一价格、统一核算、统一管理，对企业员工强化有机完整性的理念教育，树立为消费者提供绿色服务的企业精神，形成与"绿色消费"相适应的企业文化。在建立连锁商店的同时，还要成立连锁总店的配送中心，组织联购分销，这样既可以因为大批量直接送货享受价格优惠，增强与其他同类产品的竞争力，又能够缩短销售渠道，减少和降低销售成本。

（二）利用电子商务网络推广草莓

开展电子商务网络营销，具有不受时空限制、准确度高、更新速度快、成本低等特点。利用现有的电子商务网络，构建面向全球、高效率的有机产品营销网络体系。实现有机草莓生产企业和有机草莓营销企业间的网上订购，并依靠有机产品连锁店和配送队伍，实现网上销售。

（三）设立有机草莓专柜

利用现成的超市，设立有机草莓专柜。选择经销商时要把重点放在与本企业有相同的环境保护意识，有良好的绿色形象并能真正合作的超市经营商上。地点一般要选择繁华地段，居民文化层次比较高及客流量比较大的地区。

（四）以销定产

有机产品目前在世界上仍然属高端产品的范畴（图8-2），在国内起步不久，正处于推广时期。因此，最佳的生产购销模式是以销定产，也就是在基地建立的初期，寻找适当的客户，根据客户的要求进行定点生产。

（a）普通草莓（4.99 美元 / 磅）　　　　　　（b）有机草莓（7.99 美元 / 磅）

图8-2　美国超市的普通草莓和有机草莓的价格对比

（2020年3月7日，1磅约为0.45kg）

参考文献

[1] 邓明琴，雷家军. 中国果树志：草莓卷. 北京：中国林业出版社，2005.

[2] 高振宁，赵克强，肖兴基，等. 有机农业与有机食品. 北京：中国环境科学出版社，2009.

[3] 谷军，雷家军. 草莓栽培实用技术. 沈阳：辽宁大学出版社，2005.

[4] 谷军，雷家军，张大鹏. 有机草莓栽培技术. 北京：金盾出版社，2010.

[5] 国家环境保护总局有机食品发展中心. 有机食品标准认证与质量管理. 北京：中国计量出版社，2005.

[6] 贾小红，黄元仿，徐建堂. 有机肥料加工和施用. 北京：化学工业出版社，2002.

[7] 科学技术部中国农村技术开发中心. 有机农业在中国. 北京：中国农业科学技术出版社，2006.

[8] 雷家军，张运涛，赵密珍. 中国草莓. 沈阳：辽宁科学技术出版社，2011.

[9] 林翔鹰，邵晓霞，王敏. 草莓无公害高产栽培技术. 北京：化学工业出版社，2011.

[10] GB/T 19630—2019有机产品 生产、加工、标识与管理体系要求.

[11] 中华人民共和国农业部. 中华人民共和国农业行业标准：无公害食品. 北京：中国标准出版社，2001.

[12] 中绿华夏有机食品认证中心. 国内外有机食品标准法规汇编. 北京：化学工业出版社，2006.